发电企业安全监察手册

国家能源投资集团有限责任公司　编

应 急 管 理 出 版 社

·北　京·

图书在版编目（CIP）数据

发电企业安全监察手册/国家能源投资集团有限责任公司编. --北京：应急管理出版社，2020
ISBN 978-7-5020-8372-4

Ⅰ.①发… Ⅱ.①国… Ⅲ.①发电厂—安全监察—手册 Ⅳ.①TM62-62

中国版本图书馆 CIP 数据核字（2020）第 194796 号

发电企业安全监察手册

编　　者	国家能源投资集团有限责任公司
责任编辑	闫　非　刘晓天　张　成
责任校对	邢蕾严
封面设计	于春颖
出版发行	应急管理出版社（北京市朝阳区芍药居 35 号　100029）
电　　话	010-84657898（总编室）　010-84657880（读者服务部）
网　　址	www.cciph.com.cn
印　　刷	中煤（北京）印务有限公司
经　　销	全国新华书店
开　　本	787mm×1092mm 1/16　　印张　17　　字数　340 千字
版　　次	2020 年 12 月第 1 版　2020 年 12 月第 1 次印刷
社内编号	20200904　　　　　　　定价　85.00 元

版权所有　违者必究

本书如有缺页、倒页、脱页等质量问题，本社负责调换，电话:010-84657880

《发电企业安全监察手册》编写组

主　　编	刘国跃
副 主 编	王忠渠　江建武　杨　勤　赵振海　李文学　赵岫华　康　龙 郭　燊　张　翼
编写人员	黄　宣　柴小康　付　昱　唐茂林　徐小波　邵海瑞　吴志辉 张正慧　赵小强　邱文杰　王安民　王进华　刘顶红　周成成 彭娅莉　张宏兵　任　庆　董　伟　黄　敏　李兴军　魏　军 向文平　李洪达　张一楠　邢东辉　谢　东　李　健　张振华 孙修玉　王　会　于文磊　姚　星　陈方方　王　鹏　丁佳成 赵志勇　杜　杰　包增明　徐建明　彭　铭　曹志金　马啸峰 赵柏松　侯开锋　付欣东　梁　华　王　磊　李　涛　刘爱军 刘春峰　李　峰　马成伟　刘鹏玉　何金起　王跃成　邢东辉 田世慧

前 言

国家能源投资集团有限责任公司（简称国家能源集团）是集煤炭、电力、运输、化工、科技环保、金融等板块于一体的特大型综合能源企业，是全球最大的火力发电、风力发电公司，电力总装机容量24667万千瓦。国家能源集团高度重视安全生产工作，利用系统内行业和企业的特点，在实践中不断积累，积极探索创新安全管理。

自2018年重组成立以来，国家能源集团在国家有关部委、电力行业协会指导下，吸收借鉴系统内外发电企业安全监察有益做法，组织研究并编制了安全监察系列手册，于2019年中正式批准发布并在有关企业中推广实施。经过不断实践完善，逐步形成了一套日趋成熟的安全监察管理标准。

为更好地推广应用，国家能源集团将实践成果进行归纳整理并编写了《发电企业安全监察手册》。本手册以安全监察表的形式规定了监察内容、监察依据等内容，主要包括安全生产责任落实、承包商管理、高风险作业、安全工器具、脚手架、氨区管理等18个方面，具有重点突出和针对性、可操作性、适用性强的特点。本手册可作为各级发电企业领导、安全管理人员的工具书，也可作为安全监察的参考规范。

由于编写人员水平有限，编写时间仓促，书中难免有不足之处，真诚希望广大读者批评指正。

编 者

2020年7月

目　　录

一、电力子分公司责任落实管理安全监察表 ·· 1

二、发电企业责任落实管理安全监察表 ··· 20

三、发电企业承包商管理安全监察表 ·· 44

四、发电企业安全培训管理安全监察表 ·· 65

五、发电企业职业健康管理安全监察表 ·· 73

六、发电企业应急管理安全监察表 ··· 85

七、发电企业危险化学品管理安全监察表 ··· 95

八、发电企业安全设施管理安全监察表 ·· 109

九、发电企业安全工器具和专业工具管理安全监察表 ····································· 122

十、发电企业隐患缺陷管理安全监察表 ·· 147

十一、发电企业高风险作业管理安全监察表 ··· 152

十二、发电企业脚手架管理安全监察表 ·· 161

十三、发电企业有限空间作业管理安全监察表 ·· 178

十四、发电企业煤场区域管理安全监察表 ··· 187

十五、发电企业氨区管理安全监察表 ·· 198

十六、发电企业操作票管理安全监察表 ·· 216

十七、发电企业特种设备管理安全监察表 ··· 224

十八、发电企业消防管理安全监察表 ·· 238

一、电力子分公司责任落实管理安全监察表

序号	监察要素		监察内容	监察依据	重要程度	监察方式	发现问题	备注
1	安全目标	1.1 制定	（1）制定年度安全目标和中长期安全目标，安全指标细化到具体控制值	[23] 5.1.1.1	★★	资料查阅		
			（2）安全目标内容要包含：人身、设备、环保、职业病、交通和火灾等安全指标		★	资料查阅		
			（3）安全目标经主要负责人审批，以正式文件形式发布		★★	资料查阅		
		1.2 分解落实	（1）根据确定的安全目标、安全指标制定相应的公司安全目标、安全指标，并签订责任书	[21] 第2条；[23] 5.1.1.2	★★★	资料查阅		
			（2）安全目标保证措施及落实情况	[21] 第3条；[23] 5.1.1.2	★★★	资料查阅		
		1.3 检查考核	（1）月度安全生产分析会、半年及年度回顾分析安全目标与指标的完成情况	[23] 5.1.1.3	★	资料查阅		
			（2）安全目标与指标完成情况同绩效挂钩		★★★	资料查阅		
			（3）检查发现问题的整改闭环情况		★★★	资料查阅		

（续）

序号	监察要素		监察内容	监察依据	重要程度	监察方式	发现问题	备注
2	安全环保1号文	2.1 制定发布	（1）编制安全生产环保1号文，经过安全生产委员会讨论通过，并由主要负责人签发	[21] 第1条	★★★	资料查阅		
			（2）安全环保1号文应包含年度目标、需要管控的重点工作		★	资料查阅		
			（3）将安全环保1号文传达到各级人员		★	资料查阅 人员考问		
		2.2 分解落实	（1）分解落实安全环保1号文的工作计划	[21] 第1条	★★	资料查阅		
			（2）安全环保1号文工作计划应包含计划措施、责任部门、责任人、完成时间等内容，并经主管领导批准		★	资料查阅		
		2.3 管控总结	（1）公司应对安全环保1号文工作计划完成情况进行管控	[21]	★	资料查阅		
			（2）对安全环保1号文工作计划实施情况回顾，分析存在的问题，制定改进措施并推进		★	资料查阅		

一、电力子分公司责任落实管理安全监察表

(续)

序号	监察要素		监察内容	监察依据	重要程度	监察方式	发现问题	备注
3	安全生产责任制	3.1 建立健全	(1) 建立健全本单位安全生产责任制,并由主要负责人签署发布	[1] 第四条,第十九条;[23] 5.1.2.4	★★	资料查阅		
			(2) 安全生产责任制应当明确各岗位的责任人员、责任范围和考核标准等内容,明确"党政同责,一岗双责,齐抓共管,失职追责"和"管生产必须管安全、管环保"的安全生产责任体系		★★★	资料查阅		
			(3) 制定安全生产责任清单	[21] 第1~3条	★★★	资料查阅		
		3.2 主要负责人	(1) 建立健全安全生产规章制度和操作规程	[1] 第四条,第十八条	★	资料查阅		
			(2) 组织制定并实施生产安全事故应急救援预案		★	资料查阅		
			(3) 组织制定并实施本单位安全生产教育和培训计划		★	资料查阅		
			(4) 建立健全本单位安全环保委员会,明确职责,定期召开会议,对重大隐患治理及其他重大生产安全问题进行决策	[20] 第六条	★	资料查阅		

（续）

序号	监察要素		监察内容	监察依据	重要程度	监察方式	发现问题	备注
3	安全生产责任制	3.2 主要负责人	（5）构建风险分级管控和隐患排查治理双重预防机制，开展安全环保管理工作	[20]第六条	★	资料查阅		
			（6）保证安全生产投入的有效实施	[1]第四条，第十八条	★	资料查阅		
			（7）建立事故报告流程，发生事故时如实上报	[1]第十八条	★	资料查阅		
		3.3 各级人员	对所属单位各级、各岗位人员到岗到位执行及考核情况进行检查	[1]第十九条	★	资料查阅		
		3.4 奖惩考核	（1）建立奖惩考核制度，对所属单位实施安全生产激励考核机制	[20]第二十条；[21]第2条，第6条	★★	资料查阅		
			（2）检查奖惩考核制度执行情况，按规定对所属单位进行奖惩		★	资料查阅		
		3.5 评价改进	定期评价回顾公司安全生产责任制，及时修订完善	[23]5.1.2.4	★	资料查阅		

一、电力子分公司责任落实管理安全监察表

（续）

序号	监察要素		监察内容	监察依据	重要程度	监察方式	发现问题	备注
4	法律法规	4.1 识别获取	（1）建立健全识别和获取适用的安全生产相关法律法规、标准规范的管理制度，明确主管部门	[23] 5.2.1	★	资料查阅		
			（2）确定获取渠道、方式，及时识别和获取并跟踪、掌握有关法律法规、标准规范的修订情况，建立安全生产相关法律法规、标准规范清单，并定期发布		★★★	资料查阅		
		4.2 宣传培训	将适用的安全生产法律法规、标准规范及其他要求及时传达给有关岗位人员	[16] 5.2.1	★	资料查阅 现场检查		
		4.3 督促检查	根据安全生产相关法律法规、标准规范要求及时修订公司规章制度，经审批后下发执行	[1] 第四条；[16] 5.2.2，5.2.3；[23] 5.2.1	★★★	资料查阅		
		4.4 制度管理	（1）建立安全生产制度的管理办法，明确编制、评审、发布、使用、修订、废止程序和要求	[23] 5.2.2，5.2.3	★★★	资料查阅		
			（2）根据相关法律法规、国家和行业标准及国家能源集团要求，建立健全各项安全生产规章制度	[1] 第四条；[23] 5.2.2，5.2.3	★	资料查阅		
			（3）每年公布各项安全生产规章制度清单	[23] 5.2.2，5.2.3	★★	资料查阅		

（续）

序号	监察要素		监察内容	监察依据	重要程度	监察方式	发现问题	备注
5	资源保障	5.1 组织资源	公司设置安全生产领导机构——安全生产委员会，应明确安委会的职责，建立健全工作制度。企业主要负责人应定期组织召开安全生产委员会会议，研究解决安全生产工作中的重大问题，决策企业安全生产的重大事项	[23] 5.1.2.1	★★★	资料查阅		
		5.2 保障体系	（1）建立由分管领导负责、有关部门主要负责人组成的安全生产保障体系。落实安全生产保障体系职责，保障安全生产所需的人员、物资、费用等需要，定期召开安全生产分析会议，形成会议记录并予以公布	[23] 5.1.2.2	★★	资料查阅		
			（2）应设置安全生产管理机构或专职人员，对所属单位安全生产管理工作进行监督管理		★	资料查阅		
6	教育培训	6.1 建立制度	管理制度内容明确各部门及所属单位培训职责、培训要求、培训大纲、培训档案建立等	[1] 第十八条；[20] 第五条，第三十条；[23] 5.3.1	★★	资料查阅		

一、电力子分公司责任落实管理安全监察表

（续）

序号	监察要素		监察内容	监察依据	重要程度	监察方式	发现问题	备注
6	教育培训	6.2 制定计划	（1）培训主管部门根据各部门的培训需求，制定公司整体培训计划，确定培训内容、培训时间、培训对象、培训费用等内容	[1] 第十八条，第二十五条；[7] 第十条；[23] 5.3.1，5.3.2.1	★	资料查阅		
			（2）培训计划经审批后下发执行	[1] 第十八条，第二十五条；[23] 5.3.1，5.3.2.1	★	资料查阅		
			（3）监督检查所属单位将长期承包商培训纳入公司统一培训管理	[1] 第十八条，第二十五条；[7] 第十条；[23] 5.3.1，5.3.2.1	★★★	资料查阅		
		6.3 资质证书	（1）安全管理相关人员取得相应资质证书，要求所属单位建立需取证岗位人员清单，监督培训取证，并列入对下级单位的检查内容	[1] 第二十七条；[23] 5.3.2.1，5.3.2.2	★★★	资料查阅		
			（2）要求所属单位将长期承包商持证上岗等同于本单位相应岗位要求	[1] 第二十五条；[23] 5.4.2.6.1，5.4.2.6.3	★	资料查阅		

(续)

序号	监察要素		监察内容	监察依据	重要程度	监察方式	发现问题	备注
6	教育培训	6.4 岗位培训	检查所属单位新入厂人员三级（厂级、部门、班组）安全教育培训、调整工作岗位或离岗中断后的培训	[7] 第十条，第十二条；[23] 5.3.2.2	★★	资料查阅		
		6.5 记录档案	（1）培训主管部门建立员工个人培训档案，并对各部门培训记录及档案完善情况进行监督管理	[1] 第二十五条；[23] 5.3.1	★	资料查阅		
			（2）培训档案应如实记录培训时间、培训内容、参加人员以及考核结果等情况，并对培训效果进行评估和改进		★	资料查阅		
7	专项检查	7.1 制定计划	制定检查（春秋季安全大检查及重大政治保电、节日保电、重大危险源和危险化学品）计划，明确专项检查项目重点	[1] 第十八条（四）；[20] 第十三条（七）	★★	资料查阅		
		7.2 编制方案	根据春秋季安全大检查及重大政治保电、节日保电、重大危险源和危险化学品检查要求及上级公司要求编制方案，确定时间、机构组织、工作保障措施	[21] 第5条，第22条	★★★	资料查阅		

一、电力子分公司责任落实管理安全监察表

(续)

序号	监察要素		监察内容	监察依据	重要程度	监察方式	发现问题	备注
7	专项检查	7.3 方案实施	按照计划实施检查，对检查发现问题进行汇总，并下发至所属单位整改，所属单位对整改计划进行反馈，到期不能整改的说明原因，并制定防止事态扩大的预控措施	[1] 第三十八条；[20] 第十三条（七）	★	资料查阅		
		7.4 持续改进	编制安全检查报告，检查报告中应包含专项检查工作存在的不足及改进措施，持续改进专项检查工作	[20] 第十三条(七)		资料查阅		
8	风险管理	8.1 机制标准	（1）制定危险源辨识、风险评估与控制、监测预警工作机制管理办法，明确职责，规定工作方法、标准和要求	[11] 五(十九)；[23] 5.5.1.1	★★	资料查阅		
			（2）监督检查所属单位风险评估机构、成员、方法、覆盖范围等符合公司管理要求，提出改进意见和建议		★	资料查阅		
		8.2 知识培训	（1）组织公司及所属单位开展危险源辨识评估及风险预控相关知识培训	[21] 第17条；[23] 5.3.2.2	★★	资料查阅		
			（2）组织所属单位开展危险源辨识评估及风险预控工作经验交流，总结推广先进工作经验		★	资料查阅		

（续）

序号	监察要素		监察内容	监察依据	重要程度	监察方式	发现问题	备注
8	风险管理	8.3 数据库	（1）要求所属单位建立风险数据库	[13]二（三）；[18]第七条，第十三条	★	资料查阅		
			（2）监督检查所属单位生产设备、工艺流程等发生变更或发生生产安全事故时，重新开展危险源辨识和风险评估，持续完善并落实风险控制措施		★★	资料查阅		
		8.4 风险评估结果应用	监督检查所属单位实施工作票、操作票、检修工序卡、检修文件包等作业文件，检查风险评估结果在"票、卡、包"中应用	[18]第九条，第十条	★★	资料查阅		
		8.5 高风险项目	（1）制定高风险项目管理要求，明确高风险项目管控责任部门职责，检查督促所属单位落实高风险项目"三措一案""六不开工"管理要求（"三措一案"：组织措施、技术措施、安全措施和施工方案；"六不开工"：危险源辨识不清不开工，未制定完善的安全技术防范措施不开工，安全技术防范措施准备执行不到位不开工，安全技术措施交底不清不开工，应到位人员未到位不开工，未编制应急预案并进行培训演练不开工）	[15]第一条；[22]第六十七条	★★★	资料查阅		

一、电力子分公司责任落实管理安全监察表

（续）

序号	监察要素		监察内容	监察依据	重要程度	监察方式	发现问题	备注
8	风险管理	8.5 高风险项目	（2）组织所属单位定期报送高风险作业及管控情况，并监督检查	[15]第一条；[22]第六十七条	★	资料查阅		
		8.6 人身风险预控	组织所属单位进行作业安全风险分析，落实"国家能源集团发电企业员工人身安全风险分析预控管理办法（试行）"，并对所属单位组织宣贯培训及现场使用情况检查	[18]；[21]第35条	★	资料查阅		
		8.7 总结回顾	定期对风险管理情况进行总结回顾，如实反映所属单位重大风险管控情况，持续改进风险管理工作	[13]二（六）；[23]5.4.2.2	★★	资料查阅		
9	应急管理	9.1 建立制度	建立完善应急管理制度，制度内容应规定各级人员应急职责以及应急预案编制、评审、发布、备案、培训、演练、修订等相关工作	[1]第十八条；[12]第五条；[23]5.6.1.1	★★	资料查阅		
		9.2 应急预案	（1）制定企业综合应急预案、专项应急预案和现场处置方案	[9]第二章，第三章；[23]5.6.1.3	★	资料查阅		
			（2）应急预案经专家评审合格		★	资料查阅		

（续）

序号	监察要素		监察内容	监察依据	重要程度	监察方式	发现问题	备注
9	应急管理	9.2 应急预案	（3）应急预案经公司主要负责人审批发布	[9] 第二章，第三章；[23] 5.6.1.3	★★	资料查阅		
			（4）应急预案应及时向政府管理部门、上级单位备案		★	资料查阅		
			（5）企业应至少每三年修订一次应急预案，或在满足其他需要修订条件时应及时修订		★★★	资料查阅		
		9.3 演练计划	（1）制定应急预案演练3~5年规划和年度演练计划	[9] 第三十二条；[14] 附录A1.7.1	★	资料查阅		
			（2）每年至少组织一次综合应急预案演练或者专项应急预案演练，每半年至少组织一次现场处置方案演练		★★	资料查阅		
			（3）应急预案演练结束后，应急预案演练组织单位应当对应急预案演练效果进行评估，撰写效果评估报告，分析存在的问题，并对应急预案提出修订意见和整改	[9] 第三十四条；[14] 附录A1.7.3	★★★	资料查阅		
		9.4 培训计划	（1）公司应当组织开展本单位的应急预案、应急知识、自救互救和避险逃生技能的培训活动，使所有人员了解应急预案内容，熟悉应急职责、应急处置程序和措施	[9] 第三十一条	★★	资料查阅		

一、电力子分公司责任落实管理安全监察表

（续）

序号	监察要素	监察要素	监察内容	监察依据	重要程度	监察方式	发现问题	备注
9	应急管理	9.4 培训计划	（2）应急培训应当如实记入培训档案	[9]第三十一条	★	资料查阅		
10	事故事件	10.1 制度标准	制定事故（事件）管理制度，制度中清晰界定事故（事件）分类分级标准和事故（事件）报告、调查和处理等要求	[19]第二章；[23] 5.7.1，5.7.2	★★	资料查阅		
		10.2 报告	发生事故（事件）后报告流程符合制度要求，保留事故（事件）报告记录、调查报告的原始记录以及电子文档	[4]第四条；[5]第八条，第九条，第十一条	★	资料查阅		
		10.3 调查分析	（1）事故调查组成员组成与事故等级和性质相对应，符合要求	[4]第三章；[5]第八条，第九条；[23] 5.7.2	★	资料查阅		
			（2）根据事故（事件）等级，组织或参与调查，调查分析符合"四不放过"要求，组织调查组进行企业内部调查分析，有关领导及专业技术人员积极参与事故调查、分析工作，并提出原因分析和改进措施		★	资料查阅		
			（3）出具完整事故（事件）分析报告		★★	资料查阅		

(续)

序号	监察要素		监察内容	监察依据	重要程度	监察方式	发现问题	备注
10	事故事件	10.4 责任追究	（1）根据事故调查结论，下发处理通报，对责任单位、有关责任人进行问责和考核	[4]第三条（四）；[5]第八条，第九条；[17]第八章；[23] 5.7.2	★	资料查阅		
			（2）编制防范措施整改计划		★	资料查阅		
			（3）对防范措施闭环验收		★★★	资料查阅		
		10.5 统计分析	（1）事故报告、安全统计报表及时准确、完整，应存档事故（障碍等）的资料、录像、照片等齐全	[4]第二十五条；[5]第二十四条，第二十五条	★★	资料查阅		
			（2）每年对事故管理工作、事故防范措施整改计划完成情况进行评价分析，找出事故发生的规律和生产过程中的薄弱环节，提出改进意见，形成评价报告		★	资料查阅		
			（3）督促所属单位对事故进行回顾学习，检查相关单位相关部门相关人员对同类型事故防范措施的落实情况		★★★	资料查阅		

一、电力子分公司责任落实管理安全监察表

（续）

序号	监察要素		监察内容	监察依据	重要程度	监察方式	发现问题	备注
11	职业卫生	11.1 "三同时"	监督检查所属单位新建、改建、扩建项目，应符合职业卫生"三同时"要求	［10］第二条	★★	资料查阅		
		11.2 制定制度	公司应建立职业卫生管理制度，制度内容应包含职业危害防治责任、职业病危害警示和告知、职业病防治宣传教育培训、劳动防护用品、职业危害因素检测、职业卫生"三同时"、健康监护档案、职业危害事故、岗位职业健康操作规程及法律、法规规定的其他职业病防治等	［8］第十一条	★★	资料查阅		
		11.3 督促落实	（1）监督检查所属单位职业健康管理制度、年度职业健康工作计划、职业病防治规划制定；监督职业病体检，职业健康知识宣传、教育及培训，职业病防护设备设施和个人防护用品，危害因素现状评价及检测等工作开展情况	［2］第二十条	★	资料查阅		
			（2）检查所属单位职业病危害项目申报情况，掌握各单位职业病管控情况	［8］第二十条；［23］5.4.3.5	★	资料查阅		

15

（续）

序号	监察要素		监察内容	监察依据	重要程度	监察方式	发现问题	备注
12	环境保护	12.1 "三同时"	监督检查所属单位新建、改建、扩建项目，应符合"环境影响评价"与"三同时"要求	[3] 第四十一条	★★	资料查阅		
		12.2 规划计划	公司应建立环境保护中长期总体发展规划和年度实施计划，通过有效计划完成全年节能与环保工作	[3] 第十三条	★★	资料查阅		
		12.3 制度标准	建立环保的管理体系、管控程序、管理制度和标准	[6] 第十五条	★	资料查阅		
		12.4 环保设施检查维护	督促所属单位定期检查及维护环保设备设施，保证可靠投入率	[3] 第五十一条	★★	资料查阅		
		12.5 统计分析环保事件	（1）建立环保事件台账	[4] 第二十五条；[5] 第二十四条，第二十五条	★	资料查阅		
			（2）统计分析发生的环保事件，并制定相应的防范措施		★	资料查阅		
			（3）对防范措施进行闭环验收		★★	资料查阅		

一、电力子分公司责任落实管理安全监察表

（续）

序号	监察要素		监察内容	监察依据	重要程度	监察方式	发现问题	备注
13	标准化建设	13.1 建立机制	开展安全生产标准化建设，督促所属单位构建标准化管理体系	[16] 4.1、4.2；[21] 第37条；[23] 5.1.2	★★	资料查阅		
		13.2 监督检查	（1）制定安全生产标准化建设计划，明确建设目标和保证措施，有序推进安全生产标准化建设	[16] 4.2；[21] 第37条	★★★	资料查阅		
			（2）检查所属单位安全生产标准化建设的执行和落实情况		★	资料查阅		
		13.3 评价改进	（1）定期进行安全生产标准化建设执行绩效的分析、评价，提出改进建议	[16] 4.2；[21] 第37条	★	资料查阅		
			（2）每年检查评价所属单位安全生产标准化管理体系运行及标准化建设情况，督促问题闭环整改	[21] 第37条；[23] 5.8.1	★★	资料查阅		

发电企业安全监察手册

(续)

序号	监察要素	监察内容	监察依据	重要程度	监察方式	发现问题	备注
企业监察总体概况：							
1. 基本情况							
2. 存在的主要问题							
3. 整改要求及建议							
监察负责人签名				企业负责人签名			

说明：

一、监察方式

　　资料查阅（包括文件、记录、台账等）、现场检查、人员考问等。

二、监察依据

　　[1]《中华人民共和国安全生产法》（中华人民共和国主席令 第十三号）。

　　[2]《中华人民共和国职业病防治法》（中华人民共和国主席令 第二十四号）（2018年12月29日第四次修正）。

　　[3]《中华人民共和国环境保护法》（中华人民共和国主席令 第九号）。

　　[4]《生产安全事故报告和调查处理条例》（国务院令 第493号）。

　　[5]《电力安全事故应急处置和调查处理条例》（国务院令 第599号）。

　　[6]《突发环境事件应急预案管理暂行办法》（环发〔2010〕113号）。

　　[7]《安全生产培训管理办法》（国家安全生产监督管理总局令 第44号）。

　　[8]《工作场所职业卫生监督管理规定》（国家安全生产监督管理总局令 第47号）。

　　[9]《生产安全事故应急预案管理办法》（国家安全生产监督管理总局令 第88号）。

一、电力子分公司责任落实管理安全监察表

［10］《建设项目职业病防护设施"三同时"监督管理办法》（国家安全生产监督管理总局令 第 90 号）。

［11］《国家发展改革委 国家能源局关于推进电力安全生产领域改革发展的实施意见》（发改能源规〔2017〕1986 号）。

［12］《国家能源局关于印发<电力企业应急预案管理办法>的通知》（国能安全〔2014〕508 号）。

［13］《国家能源局关于加强电力企业安全风险预控体系建设的指导意见》（国能安全〔2015〕1 号）。

［14］《国家能源局综合司关于深入开展电力企业应急能力建设评估工作的通知》（国能综安全〔2016〕542 号）。

［15］《中央企业安全生产禁令》（国务院国有资产监督管理委员会令 第 24 号）。

［16］《企业安全生产标准化基本规范》（GB/T 33000—2016）。

［17］《国家能源投资集团有限责任公司职工违规违纪处理办法》（国家能源办〔2018〕75 号）。

［18］《国家能源集团发电企业员工人身安全风险分析预控管理办法（试行）》（国家能源办〔2018〕293 号）。

［19］《国家能源集团生产安全事故调查处理规定（试行）》（国家能源办〔2018〕403 号）。

［20］《火电产业安全生产工作暂行规定》（国家能源办〔2018〕408 号）。

［21］《关于做好 2019 年安全环保工作的决定》（国家能源办〔2019〕1 号）。

［22］《国家能源投资集团有限责任公司火力发电企业工作票管理规定（试行）》（国家能源办〔2019〕258 号）。

［23］《国家能源投资集团有限责任公司火电企业安全生产标准化基本规范（试行）》（国家能源办〔2019〕300 号）。

二、发电企业责任落实管理安全监察表

序号	监察要素		监察内容	监察依据	重要程度	监察方式	发现问题	备注
1	安全目标	1.1 制定	（1）年度安全目标和中长期安全目标，安全指标细化到具体控制值	[24] 5.1.1.1	★★	资料查阅		
			（2）安全目标内容要包含：人身、设备、环保、职业病、交通和火灾等安全指标		★★	资料查阅		
			（3）安全目标经主要负责人审批，以正式文件形式发布		★★	资料查阅		
		1.2 分解落实	（1）企业与上级签订安全生产目标责任书	[22] 第1条；[24] 5.1.1.2	★★	资料查阅		
			（2）分级目标［厂级控制重伤和事故，不发生人身死亡和重大设备事故；部门（车间）控制障碍和轻伤，不发生重伤和事故；班组控制异常和未遂，不发生障碍和轻伤］和指标，并逐级签订责任书	[22] 第2条；[24] 5.1.1.2	★★★	资料查阅		
			（3）安全目标保证措施及落实情况	[22] 第3条；[24] 5.1.1.2	★★★	资料查阅		

二、发电企业责任落实管理安全监察表

(续)

序号	监察要素		监察内容	监察依据	重要程度	监察方式	发现问题	备注
1	安全目标	1.3 检查总结	（1）月度安全生产分析会、半年及年度回顾分析安全目标与指标的完成情况	[24] 5.1.1.3	★	资料查阅		
			（2）安全目标与指标完成情况同绩效挂钩		★★★	资料查阅		
			（3）月度检查发现问题的整改闭环情况		★★★	资料查阅		
2	安全环保1号文	2.1 制定发布	（1）编制安全生产环保1号文，经过安委会讨论通过，并由主要负责人签发	[22] 第1条	★★★	资料查阅		
			（2）安全环保1号文应包含年度目标和需要管控的重点工作		★	资料查阅		
			（3）安全环保1号文传达到各级人员		★★	资料查阅		
		2.2 分解落实	（1）分解落实安全环保1号文的工作计划	[22] 第1条	★★	资料查阅		
			（2）安全环保1号文工作计划应包含计划措施、责任部门、责任人、完成时间等内容，并经主管领导批准		★	资料查阅		

(续)

序号	监察要素		监察内容	监察依据	重要程度	监察方式	发现问题	备注
2	安全环保1号文	2.3 管控总结	（1）企业应对安全环保1号文工作计划完成情况进行管控	[22]	★	资料查阅		
			（2）安全环保1号文工作计划实施情况回顾，分析存在问题，制定改进措施并推进		★	资料查阅		
3	安全生产责任制	3.1 建立健全	（1）建立健全本单位安全生产责任制，并由主要负责人签署发布	[1]第四条，第十九条；[22]第1条，第3条；[24] 5.1.2.4	★	资料查阅		
			（2）安全生产责任制应当明确各岗位的责任人员、责任范围和考核标准等内容，明确"党政同责，一岗双责，齐抓共管，失职追责"和"管生产必须管安全、管环保"的安全生产责任体系	[1]第四条，第十九条；[24] 5.1.2.4	★★★	资料查阅		
			（3）制定安全生产责任清单	[22]第1条，第3条	★★★	资料查阅		

二、发电企业责任落实管理安全监察表

（续）

序号	监察要素		监察内容	监察依据	重要程度	监察方式	发现问题	备注
3	安全生产责任制	3.2 主要负责人	（1）建立健全安全生产规章制度和操作规程	[1] 第四条、第十八条；[21] 第六条；[24] 5.1.2.4	★	资料查阅		
			（2）组织制定并实施生产安全事故应急救援预案	[1] 第四条、第十八条	★	资料查阅		
			（3）组织制定并实施本单位安全生产教育和培训计划		★	资料查阅		
			（4）建立健全本单位安全生产委员会，明确职责，定期召开会议，对重大隐患治理及其他重大生产安全问题进行决策	[21] 第六条	★	资料查阅		
			（5）构建风险分级管控和隐患排查治理双重预防机制，开展安全环保管理工作		★	资料查阅		
			（6）保证安全生产投入的有效实施	[1] 第四条，第十八条	★	资料查阅 现场检查		
			（7）建立事故报告流程，发生事故时如实上报	[1] 第十八条	★	资料查阅		

（续）

序号	监察要素		监察内容	监察依据	重要程度	监察方式	发现问题	备注
3	安全生产责任制	3.3 各级人员	（1）制定各级、各岗位人员到岗到位标准，明确岗位安全生产工作的内容、任务、周期、方法等事项	[1] 第十九条	★	资料查阅		
			（2）各级管理人员应按标准执行，重点抽查有限空间作业、大型脚手架搭拆、一级动火作业、大型起重作业、高空交叉作业、液氨接卸等高危作业到岗到位情况	[24] 5.1.2.4	★★★	资料查阅		
			（3）企业对各级人员执行情况进行检查考核		★	资料查阅		
			（4）定期修订完善到岗到位标准	[24] 5.8.2	★	资料查阅		
		3.4 奖惩考核	（1）建立奖惩考核制度，实施安全生产激励考核	[21] 第二十条；[22] 第2条，第6条	★	资料查阅		
			（2）对发现重大隐患及对安全生产工作有突出贡献的集体和个人给予奖励	[21] 第二十条；[22] 第6条	★	资料查阅		
			（3）对安全生产责任清单和到岗到位履职情况进行定期检查、监督考核	[24] 5.1.2.4	★★	资料查阅		
		3.5 评价改进	定期评价回顾企业安全生产责任制，及时修订完善	[1] 第19条；[24] 5.1.2.4	★	资料查阅		

二、发电企业责任落实管理安全监察表

（续）

序号	监察要素		监察内容	监察依据	重要程度	监察方式	发现问题	备注
4	法律法规	4.1 识别获取	（1）建立健全识别和获取适用的安全生产相关法律法规、标准规范的管理制度，明确主管部门	［17］5.2.1； ［24］5.2.1	★	资料查阅		
			（2）确定获取渠道、方式，及时识别和获取并跟踪、掌握有关法律法规、标准规范的修订情况，建立安全生产相关法律法规、标准规范清单，并定期发布	［24］5.2.1	★★	资料查阅		
		4.2 宣传培训	适用的安全生产法律法规、标准规范及其他要求及时传达给有关岗位人员	［17］5.2.1	★	资料查阅		
		4.3 实施应用	本单位规章制度、操作规程结合新发布的安全生产相关法律法规、标准规范及时修订，经审批后下发执行	［1］第四条； ［17］5.2.2,5.2.3； ［24］5.2.1	★★★	资料查阅		
		4.4 制度规程	（1）建立安全生产制度、规程的管理办法，明确编制、评审、发布、使用、修订、废止程序和要求	［1］第四条； ［17］5.2.2,5.2.3,5.2.4； ［24］5.2.2,5.2.3	★	资料查阅		
			（2）依据企业年度发布的有效制度清单，重点抽查控制室、班组等公共场所废止制度清理情况	［24］5.2.1,5.2.5.3	★★★	现场检查		

（续）

序号	监察要素		监察内容	监察依据	重要程度	监察方式	发现问题	备注
4	法律法规	4.4 制度规程	（3）根据相关法律法规、国家和行业标准及国家能源集团要求，建立健全各项安全生产规章制度	[1] 第四条； [24] 5.2.2， 5.2.3	★	资料查阅		
			（4）编制适用的运行规程、检修规程、设备试验规程及系统图册等，有效传递到相关岗位	[24] 5.2.1	★	资料查阅		
			（5）编制并执行工作票、操作票、风险预控票、检修文件包、检修工艺卡等作业标准	[24] 5.2.3， 5.2.4	★	资料查阅		
			（6）及时对安全生产规章制度、规程进行评审、修订，并予以公布	[24] 5.2.5.3	★★	资料查阅		
			（7）每年公布各项安全生产规章制度、规程清单	[24] 5.2.1， 5.2.5.3	★	资料查阅		
5	资源保障	5.1 组织结构	（1）企业配置工作人员数量和素质满足企业生产运营需求，按企业定员定编检查人员数量配备情况	[1] 第二十四~二十七条	★★★	资料查阅		
			（2）企业设置安全生产领导机构，明确安全生产委员会职责，建立健全工作制度。定期组织召开安委会会议，研究解决安全生产工作中的重大问题，决策重大事项	[24] 5.1.2.2	★★	资料查阅		

二、发电企业责任落实管理安全监察表

（续）

序号	监察要素	监察要素	监察内容	监察依据	重要程度	监察方式	发现问题	备注
5	资源保障	5.1 组织结构	（3）制定安全生产投入管理制度，明确具体的使用范围、管理程序、监督程序等	[24] 5.1.4	★	资料查阅		
		5.2 保障监督	（1）建立由分管领导负责、有关部门主要负责人组成的安全生产保障体系，保障安全生产所需的人员、物资、费用等需要。企业主要负责人应每月组织召开一次安全生产分析会议，形成会议记录并予以公布	[1] 第二十一～二十三条；[24] 5.1.2.2	★	资料查阅		
			（2）设置独立的安全生产管理机构，配备专职的安全管理人员和所需的设施器材。安全管理人员的数量和业务素质满足安全生产要求。生产部门应配备专职安全管理人员	[24] 5.1.2.3	★	资料查阅		
		5.3 班组活动	（1）班组主管部门和安监部门监督检查班前、班后会开展情况	[21] 5.1.2.2	★★	资料查阅		
			（2）各班组应召开班前会，做好危险点分析，布置安全措施，交代注意事项；召开班后会，总结讲评当班工作和安全情况，并做好记录。企业班组应每周开展一次安全日活动，安全日活动内容符合上级及本单位要求，时间不少于 3 h	[24] 5.4.2.2	★	资料查阅		

（续）

序号	监察要素		监察内容	监察依据	重要程度	监察方式	发现问题	备注
6	教育培训	6.1 建立制度	管理制度内容明确各部门培训职责、培训要求（含一般要求和特种作业人员培训要求）、培训大纲、培训档案建立等	[1] 第十八条； [21] 5.1.2.2； [24] 5.1.2.2，5.3.1	★	资料查阅		
		6.2 培训计划	（1）培训主管部门根据各部门的培训需求，制定公司整体培训计划，确定培训内容、培训时间、培训对象、培训费用等内容	[1] 第十八条，第二十五条 [7] 第十条； [24] 5.3.1，5.3.2.1	★	资料查阅		
			（2）培训计划经审批后下发执行	[1] 第十八条，第二十五条 [24] 5.3.1，5.3.2.1	★	资料查阅		
			（3）将长期承包商培训纳入公司统一培训管理	[1] 第二十五条； [7] 第十条； [24] 5.4.2.6.1，5.4.2.6.3	★★	资料查阅		

二、发电企业责任落实管理安全监察表

（续）

序号	监察要素		监察内容	监察依据	重要程度	监察方式	发现问题	备注
6	教育培训	6.3 资质证书	（1）企业建立需取证岗位人员清单（不限于以下证件：安全管理资格证、焊工证、高空作业证、危险化学品操作证、验上岗证、起重作业证、电工证、压力容器证、运行值班员上岗证、消防人员操作证及上岗证），并组织培训取证	[1] 第二十七条；[24] 5.3.2.1，5.3.2.2	★★	资料查阅		
			（2）承包商持证上岗与公司相应岗位同等要求	[1] 第二十五条；[24] 5.4.2.6.1，5.4.2.6.3	★★	资料查阅		
		6.4 岗位培训	（1）新入厂人员应按规定进行厂级、部门、班组三级安全教育培训	[7] 第十条，第十二条；[24] 5.3.2.2	★★	资料查阅现场检查		
			（2）从业人员调整工作岗位或离岗1年以上重新上岗时应重新进行年部门、班组的安全教育培训，与热力和机械相关的工作人员中断工作连续3个月以上者，必须重新学习热机安规相关内容，并经考试合格后方能恢复工作	[24] 5.3.2	★	资料查阅		

29

(续)

序号	监察要素		监察内容	监察依据	重要程度	监察方式	发现问题	备注
6	教育培训	6.5 记录档案	（1）培训主管部门建立员工个人培训档案，并对各部门培训记录及档案完善情况进行监督管理	[1] 第二十五条；[24] 5.3.1	★★	资料查阅		
			（2）培训档案应如实记录培训时间、培训内容、参加人员以及考核结果等情况，并对培训效果进行评估和改进		★	资料查阅		
7	专项检查	7.1 制定计划	制定专项检查计划，明确专项检查项目（春秋季安全大检查及重大政治保电、节日保电、重大危险源和危险化学品）、检查时间、检查责任部门等，经有关领导批准后实施	[1] 第十八条；[21] 第十三条（七）	★	资料查阅		
		7.2 编制方案	根据春秋季安全大检查及重大政治保电、节日保电、重大危险源和危险化学品及上级公司要求编制安全检查方案，方案包括检查时间、检查项目、重点内容、检查方式和责任人，经有关领导批准后实施	[22] 第5条，第22条	★	资料查阅		

二、发电企业责任落实管理安全监察表

（续）

序号	监察要素		监察内容	监察依据	重要程度	监察方式	发现问题	备注
7	专项检查	7.3 实施整改	（1）按照计划实施检查，对检查发现问题进行汇总，并下发整改计划	[1]第三十八条；[21]第十三条（七）	★	资料查阅		
			（2）检查各级发现问题整改闭环情况，到期不能整改的说明原因，并制定防止事态扩大的预控措施		★★	资料查阅现场检查		
		7.4 持续改进	编制安全检查报告，检查报告中应包含专项检查工作存在的不足及改进措施，持续改进专项检查工作	[21]第十三条（七）	★★	资料查阅现场检查		
8	风险管理	8.1 机制标准	制定危险源辨识、风险评估与控制、监测预警工作机制管理办法，明确职责，规定工作方法、标准和要求	[12]五（十九）；[24] 5.5.1.1	★	资料查阅		
		8.2 知识培训	开展危险源辨识评估及风险管控相关知识培训，培训覆盖领导层、部门、班组及承包商单位	[22]第17条；[24] 5.3.2.2	★★	资料查阅		

（续）

序号	监察要素		监察内容	监察依据	重要程度	监察方式	发现问题	备注
8	风险管理	8.3 风险数据库	（1）建立风险数据库	[14] 二（三）；[19] 第七条，第十三条	★	资料查阅		
			（2）生产设备、工艺流程等发生变更或发生生产安全事故时，重新开展危险源辨识和风险评估，持续完善并落实风险控制措施		★★	资料查阅		
			（3）对安全风险进行分级、分层、分类、分专业管理，逐一落实企业、部门、班组和岗位的管控责任		★	资料查阅		
		8.4 评估结果应用	全面实施工作票、操作票、检修工序卡、检修文件包等作业文件，将风险评估结果应用于"票、卡、包"中	[22] 第36条，第43条	★	资料查阅 现场检查		
		8.5 高风险项目	制定高风险项目管理要求，明确责任部门职责，落实高风险项目"三措一案""六不开工"管理要求	[16] 第一条；[23] 第六十七条	★★★	资料查阅 现场检查		
		8.6 人身风险预控	（1）组织进行作业安全风险分析，落实"国家能源集团发电企业员工人身安全风险分析预控管理办法（试行）"	[19] [22] 第35条	★	资料查阅		

二、发电企业责任落实管理安全监察表

（续）

序号	监察要素		监察内容	监察依据	重要程度	监察方式	发现问题	备注
8	风险管理	8.6 人身风险预控	（2）厂长、分管生产副厂长每周进班组检查人身安全风险预控	[22]	★★★	资料查阅		
		8.7 总结改进	定期对风险管理情况进行总结回顾，如实反映公司重大风险管控情况，持续改进风险管理工作	[14] 二（六）；[24] 5.4.2.2	★	资料查阅		
9	应急管理	9.1 制定制度	建立完善应急管理制度，制度内容应规定各级人员应急职责和应急预案编制、评审、发布、备案、培训、演练、修订等相关工作	[1] 第十八条；[13] 第五条；[24] 5.6.1.1	★	资料查阅		
		9.2 应急预案	（1）制定企业综合应急预案、专项应急预案和现场处置方案	[9] 第二章，第三章；[24] 5.6.1.3	★	资料查阅		
			（2）应急预案经专家评审合格		★	资料查阅		
			（3）应急预案经公司主要负责人审批发布		★	资料查阅		
			（4）应急预案应及时向政府管理部门、上级单位备案		★★	资料查阅		
			（5）企业应至少每三年修订一次应急预案，或在满足其他需要修订条件时应及时修订		★★★	资料查阅		

（续）

序号	监察要素		监察内容	监察依据	重要程度	监察方式	发现问题	备注
9	应急管理	9.3 演练计划	（1）制定应急预案演练3~5年规划和年度演练计划	[15] 1.7.1	★	资料查阅		
			（2）每年至少组织一次综合应急预案演练或者专项应急预案演练，每半年至少组织一次现场处置方案演练		★	资料查阅		
			（3）有限空间作业、大型起重作业、高空交叉作业、液氨接卸等各厂评估出的高风险作业前应进行应急预案演练	[21] 第十四条（四）	★★★	资料查阅		
			（4）应急预案演练结束后，应急预案演练组织单位应当对应急预案演练效果进行评估，撰写效果评估报告，分析存在的问题，并对应急预案提出修订意见	[9] 第三十四条 [15] 附录A1.7.3	★★	资料查阅		
		9.4 培训	（1）生产经营单位应当组织开展本单位的应急预案、应急知识、自救互救和避险逃生技能的培训活动，使有关人员了解应急预案内容，熟悉应急职责、应急处置程序和措施	[9] 第三十一条	★★	资料查阅		
			（2）应急培训应当如实记入培训档案		★	资料查阅		

二、发电企业责任落实管理安全监察表

（续）

序号	监察要素	监察要素	监察内容	监察依据	重要程度	监察方式	发现问题	备注
9	应急管理	9.5 能力评估	企业至少每两年开展一次评估，出具评估报告，并根据评估报告提出的整改问题持续改进	[15] 附录 A1.7.3	★★	资料查阅		
10	事故事件	10.1 制度标准	制定事故（事件）管理制度，制度中清晰界定事故（事件）分类分级标准以及事故（事件）报告、调查和处理等要求	[20] 第四十四条；[24] 5.7.1，5.7.2	★	资料查阅		
		10.2 报告	发生事故（事件）后报告流程符合制度要求，保留事故（事件）报告记录、调查报告的原始记录以及电子文档	[4] 第四条；[5] 第八条，第九条，第十一条	★	资料查阅		
		10.3 调查分析	（1）事故调查组成员组成与事故等级和性质相对应，符合要求	[4] 第三章；[5] 第八条，第九条；[24] 5.7.2	★	资料查阅		
			（2）调查分析符合"四不放过"要求，组织调查组进行企业内部调查分析，有关领导及专业技术人员积极参与事故调查、分析工作，并提出原因分析和改进措施		★★	资料查阅		
			（3）出具完整事故（事件）分析报告		★	资料查阅		

（续）

序号	监察要素		监察内容	监察依据	重要程度	监察方式	发现问题	备注
10	事故事件	10.4 处理	（1）根据事件调查结论，下发处理通报，对责任单位、有关责任人进行问责和考核	[4] 第三条(四)；[5] 第八条，第九条；[18] 第八章；[24] 5.7.2	★	资料查阅		
			（2）编制防范措施整改计划		★★★	资料查阅		
			（3）对防范措施闭环验收		★★★	资料查阅		
		10.5 统计分析	（1）事故报告、安全统计报表及时准确、完整，应存档事故（障碍等）的资料、录像、照片等齐全	[4] 第二十五条；[5] 第二十四条，第二十五条	★	资料查阅		
			（2）每年对事故管理工作、事故防范措施整改计划完成情况进行评价分析，找出事故发生的规律和生产过程中的薄弱环节，提出改进意见，形成评价报告	[4] 第二十五条；[5] 第二十四条，第二十五条；[24] 5.8.2	★	资料查阅		
			（3）员工对事故进行回顾学习	[4] 第二十五条；[5] 第二十四条，第二十五条	★	资料查阅		
			（4）相关部门、相关专业对系统内同类事故防范措施学习及防范措施落实情况		★★★	资料查阅		

二、发电企业责任落实管理安全监察表

（续）

序号	监察要素	监察要素	监察内容	监察依据	重要程度	监察方式	发现问题	备注
11	职业卫生	11.1 "三同时"	（1）新建、改造、扩建等职业病防护"三同时"验收报告	［10］第三条	★	资料查阅		
			（2）验收报告中问题及整改建议的落实情况	［10］第四章	★★	资料查阅		
		11.2 制定制度	建立职业卫生管理制度，制度内容应包括职业危害防治责任、职业病危害警示和告知、职业病防治宣传教育培训、劳动防护用品、职业危害因素检测、职业卫生"三同时"、健康监护档案、职业危害事故、岗位职业健康操作规程及法律、法规规定的其他职业病防治等	［8］第十一条	★★	资料查阅		
		11.3 健康体检	（1）建立健全职业健康组织机构，成立分管职业健康管理机构，明确职业健康相关部门及岗位职责，配备专职或者兼职的职业健康专业人员	［2］第二十条；［24］5.4.3.1.3	★	资料查阅		
			（2）企业每年对接触职业危害因素的职工进行一次职业健康体检	［2］第三十五条，第三十六条	★	资料查阅		

（续）

序号	监察要素		监察内容	监察依据	重要程度	监察方式	发现问题	备注
11	职业卫生	11.3 健康体检	（3）企业监管长期涉及职业危害场所作业外用工（输煤运行、煤场作业）职业病体检	[2]第三十五条，第三十六条	★★★	资料查阅		
			（4）及时对新入职及离岗的员工进行岗前、离岗职业健康体检		★★★	资料查阅		
			（5）建立个人职业健康监护档案		★	资料查阅		
			（6）检查年度职业健康体检总报告，对有职业禁忌证的人员及时调整岗位		★★	资料查阅		
		11.4 有害因素检测和职业病危害告知	（1）应委托具有相应资质的职业卫生技术服务机构，每年进行一次职业有害因素检测，三年进行一次控制效果评价	[8]第二十条；[24] 5.4.3.5	★★	资料查阅		
			（2）定期检测结果中职业病危害因素浓度或强度超过职业接触限值的，企业应根据职业卫生技术服务机构提出的整改建议，制定切实有效的整改方案并进行整改。整改落实情况应有明确的记录并存入职业卫生档案备查	[2]第二十六条；[24] 5.4.3.5	★	资料查阅		

二、发电企业责任落实管理安全监察表

（续）

序号	监察要素		监察内容	监察依据	重要程度	监察方式	发现问题	备注
11	职业卫生	11.4 有害因素检测和职业病危害告知	（3）企业与从业人员订立劳动合同时，应将工作过程中可能产生的职业危害及其后果和防护措施如实告知从业人员，并在劳动合同中写明	[2] 第三十三条；[24] 5.4.3.2	★	资料查阅		
			（4）对存在职业危害因素场所，设置职业危害告知牌，公示工作场所职业病危害因素检测结果	[2] 第二十八条；第二十九条；[24] 5.4.3.2	★	资料查阅现场检查		
			（5）高毒作业场所应设置警示说明，并设置通信报警设备	[2] 第二十五条；[24] 5.4.3.2	★★★	现场检查		
			（6）如实向所在地职业健康监管部门申报职业病危害项目，并及时更新信息	[2] 第二十六条；[24] 5.4.3.4	★	资料查阅		
		11.5 防护用品	（1）查看个人防护用品管理制度，明确个人防护用品的采购、发放、使用和报废等要求	[11] 第十五条，第二十五条	★	资料查阅		
			（2）按要求配备、检查劳动保护用品	[11] 第四章	★	资料查阅现场检查		
			（3）承包商防护用品要求标准	[11] 第九条	★	资料查阅现场检查		

（续）

序号	监察要素		监察内容	监察依据	重要程度	监察方式	发现问题	备注
12	环境保护	12.1 "三同时"	查看新建、改建、扩建工程项目"环境影响评价"与"三同时"验收通过证明	[3] 第四十一条	★★★	资料查阅		
		12.2 规划计划	企业应建立环境保护中长期总体发展规划和年度实施计划，通过有效计划完成全年节能与环保工作	[3] 第十三条	★	资料查阅		
		12.3 制度标准	（1）建立环保的管理体系、管控程序、管理制度和标准	[6] 第十五条	★	资料查阅		
			（2）环保应急预案备案手续齐全	[9] 第二章,第三章	★	资料查阅		
		12.4 环保设施检查维护	企业应对环保设备设施进行定期检查及维护，保证可靠投入率	[3] 第五十一条	★	资料查阅		
		12.5 统计分析	（1）建立环保事件台账	[4] 第二十五条；[5] 第二十四条,第二十五条	★	资料查阅		
			（2）统计分析发生的环保事件，并制定相应的防范措施	[5] 第二十六条	★★	资料查阅		
			（3）对防范措施进行闭环验收		★★	资料查阅		

二、发电企业责任落实管理安全监察表

（续）

序号	监察要素		监察内容	监察依据	重要程度	监察方式	发现问题	备注
13	标准化建设	13.1 建立机制	从管理制度、风险预控、设备设施及生产环境、人员作业、应急救援、监督评价等方面着手全面开展安全生产标准化建设，构建标准化管理体系	[17] 4.1、4.2；[22] 第37条；[24] 4.1	★	资料查阅		
		13.2 实施检查	（1）制定安全生产标准化建设计划，明确建设目标和保证措施，有序推进安全生产标准化建设	[17] 4.2；[22] 第37条	★★★	资料查阅		
			（2）安全生产标准化建设主要内容应包括现场安全文明生产标准化、检修作业标准化、外包队伍管理等专项标准化	[22] 第37条；[24] 第5.8.1条	★	资料查阅		
			（3）对安全生产标准化建设的执行和落实情况进行日常检查，对发现的安全生产重大风险落实处理		★★	资料查阅		
		13.3 评价改进	（1）定期进行安全生产标准化建设执行绩效的分析、评价，提出改进建议	[17] 4.2；[22] 第37条	★	资料查阅		
			（2）每年对安全生产标准化管理体系运行及安全生产标准化建设情况开展自评，编制自评报告，并对发现问题落实闭环，持续改进	[22] 第37条；[24] 第5.8.1条	★★	资料查阅		

发电企业安全监察手册

（续）

序号	监察要素	监察内容	监察依据	重要程度	监察方式	发现问题	备注
企业监察总体概况：							
1. 基本情况							
2. 存在的主要问题							
3. 整改要求及建议							
监察负责人签名			企业负责人签名				

说明：

一、监察方式

资料查阅（包括文件、记录、台账等）、现场检查、人员考问等。

二、监察依据

［1］《中华人民共和国安全生产法》（中华人民共和国主席令 第十三号）。

［2］《中华人民共和国职业病防治法》（中华人民共和国主席令 第二十四号）（2018 年 12 月 29 日第四次修正）。

［3］《中华人民共和国环境保护法》（中华人民共和国主席令 第九号）。

［4］《生产安全事故报告和调查处理条例》（国务院令 第 493 号）。

［5］《电力安全事故应急处置和调查处理条例》（国务院令 第 599 号）。

［6］《突发环境事件应急预案管理暂行办法》（环发〔2010〕113 号）。

［7］《安全生产培训管理办法》（国家安全生产监督管理总局令 第 44 号）。

［8］《工作场所职业卫生监督管理规定》（国家安全生产监督管理总局令 第 47 号）。

［9］《生产安全事故应急预案管理办法》（国家安全生产监督管理总局令 第 88 号）。

二、发电企业责任落实管理安全监察表

［10］《建设项目职业病防护设施"三同时"监督管理办法》（国家安全生产监督管理总局令 第 90 号）。

［11］《国家安全监管总局办公厅关于修改用人单位劳动防护用品管理规范的通知》（安监总厅安健〔2018〕3 号）。

［12］《国家发展改革委 国家能源局关于推进电力安全生产领域改革发展的实施意见》（发改能源规〔2017〕1986 号）。

［13］《国家能源局关于印发<电力企业应急预案管理办法>的通知》（国能安全〔2014〕508 号）。

［14］《国家能源局关于加强电力企业安全风险预控体系建设的指导意见》（国能安全〔2015〕1 号）。

［15］《国家能源局综合司关于深入开展电力企业应急能力建设评估工作的通知》（国能综安全〔2016〕542 号）。

［16］《中央企业安全生产禁令》（国务院国有资产监督管理委员会令 第 24 号）。

［17］《企业安全生产标准化基本规范》（GB/T 33000—2016）。

［18］《国家能源投资集团有限责任公司职工违规违纪处理办法》（国家能源办〔2018〕75 号）。

［19］《国家能源集团发电企业员工人身安全风险分析预控管理办法（试行）》（国家能源办〔2018〕293 号）。

［20］《国家能源集团生产安全事故调查处理规定（试行）》（国家能源办〔2018〕403 号）。

［21］《火电产业安全生产工作暂行规定》（国家能源办〔2018〕408 号）。

［22］《关于做好 2019 年安全环保工作的决定》（国家能源办〔2019〕1 号）。

［23］《国家能源投资集团有限责任公司火力发电企业工作票管理规定（试行）》（国家能源办〔2019〕258 号）。

［24］《国家能源投资集团有限责任公司火电企业安全生产标准化基本规范（试行）》（国家能源办〔2019〕300 号）。

三、发电企业承包商管理安全监察表

序号	监察要素	监察要素	监察内容	监察依据	重要程度	监察方式	具体问题	备注
1	管理制度	1.1 编审发布	（1）企业建立承包商相关方安全管理制度，包括：承包商安全管理、承包商约谈、承包商安全生产奖惩、生产外委承包商考核评价管理标准等	[1] 第四十六条	★★★	资料查阅		
			（2）相关制度经审核后发布		★★	资料查阅		
		1.2 培训落实	企业应对承包商相关制度宣贯、培训及监督落实		★★	资料查阅		
2	责任落实	2.1 发包方	（1）制定并有效落实具体安全管理措施，将外包项目纳入日常安全生产管理当中，统一组织、统一协调、统一管理、统一考核		★★★	资料查阅		
			（2）外包项目招投标中应明确项目施工安全文件		★	资料查阅		
			（3）涉及多个承包方的，发包方应当切实履行安全管理责任，将所有承包方纳入外包项目安全管理体系，协调和解决影响安全生产的重大问题		★	资料查阅		

三、发电企业承包商管理安全监察表

（续）

序号	监察要素		监察内容	监察依据	重要程度	监察方式	具体问题	备注
2	责任落实	2.1 发包方	（4）对承包方的资质、人员资质进行审查，确定其符合相关条件，依法选择符合项目要求的承包方		★★	资料查阅		
			（5）对承包方作业人员进行入厂安全教育和考试，监督指导承包方按要求开展安全生产教育培训工作，禁止未经安全生产教育培训以及考核不合格的承包方作业人员进入工作现场		★★	资料查阅		
			（6）依法选择监理方，签订书面委托监理合同，明确双方义务、权利、责任、监理范围和监理工作内容等		★★	资料查阅		
			（7）建立健全承包方和监理方安全管理工作评价、考核和退出机制，建立执行承包方"黑名单"制度		★	资料查阅		
		2.2 承包方	（1）按照国家法律法规和标准规范组织施工，对施工现场的安全生产负责		★★	资料查阅		
			（2）具备《安全生产法》和有关法律法规、国家或行业标准规定的安全生产条件，在许可范围内从事安全生产工作		★★	资料查阅		

45

（续）

序号	监察要素		监察内容	监察依据	重要程度	监察方式	具体问题	备注
2	责任落实	2.2 承包方	（3）确保安全专项费用按照合同规定有效投入；依法参加工伤保险，为从业人员缴纳保险费	[1] 第四十八条	★★	资料查阅		
			（4）向发包方提供本企业的相关安全资质、资格证明材料，对其真实性负责，严禁借用、冒用第三方资质、资格		★★	资料查阅		
			（5）人员台账齐全，特种（设备）作业人员持证上岗	[5] 第七条	★★	资料查阅		
			（6）依法签订合同及安全生产管理协议，按约定内容落实安全生产责任及安全风险防控措施	[1] 第四十六条	★	资料查阅		
			（7）按规定做好环保、消防、保卫、交通安全等管理工作，对可能发生人身伤害、设备损坏、环境污染、电网破坏事故等危险性较大作业项目，编制专项工作方案、安全措施、应急预案或处置方案，定期组织开展应急演练		★★	资料查阅		

三、发电企业承包商管理安全监察表

（续）

序号	监察要素		监察内容	监察依据	重要程度	监察方式	具体问题	备注
2	责任落实	2.3 监理方	（1）按照法律法规和工程建设强制性标准实施监理，编制工程项目监理实施细则，确保安全生产监理与工程质量控制、工期控制、投资控制同步实施		★	资料查阅		
			（2）按照发包方赋予的安全质量控制权，通过文件审查、工序检查、见证、旁站、巡视及平行检验等监理手段，对施工全过程的安全质量进行有效控制		★★	资料查阅 现场检查		
			（3）建立健全安全监理工作制度，建立工程例会、监理例会等制度，形成监理日志、监理周报，报业主方		★	资料查阅		
			（4）组织审查承包方提交的专业报审文件，组织检查现场质量、安全生产管理体系的建立及运行情况		★	资料查阅 现场检查		
			（5）参加各类安全检查活动，建立安全管理台账，发现存在生产安全事故隐患时应当要求承包方及时整改；情节严重的，应当要求承包方立即停止施工，并及时报告发包方		★★	资料查阅 现场检查		

（续）

序号	监察要素		监察内容	监察依据	重要程度	监察方式	具体问题	备注
2	责任落实	2.3 监理方	（6）项目总监理工程师负责审批施工安全文件，如"三措两案"		★★	资料查阅		
			（7）在同一区域两个及以上承包方在承包项目工作过程中存在交叉作业的，监理方应当组织相关承包方签订专项安全生产管理协议		★★	资料查阅 现场检查		
3	招投标管理	3.1 企业资质	（1）依法取得相应等级的资质证书，并在其资质等级许可的范围内承揽工程		★★★	资料查阅		
			（2）企业近3年安全生产业绩证明		★★★	资料查阅		
			（3）近3年完成的相同或相似项目业绩情况及正在履行的其他相同或相似项目情况		★	资料查阅		
			（4）企业法人营业执照、安全生产资质证书、组织机构代码证及安全、质量、健康体系认证		★★	资料查阅		

三、发电企业承包商管理安全监察表

（续）

序号	监察要素		监察内容	监察依据	重要程度	监察方式	具体问题	备注
3	招投标管理	3.1 企业资质	（5）安全管理体系（或专、兼职安全管理人员）设置情况： ①合同人数 30 人以下的应至少设置 1 名兼职安全管理人员； ②合同人数 30 人及以上、100 人以下的应当设置不少于 1 名专职安全管理人员； ③合同人数在 100 人及以上的应当设置不少于 2 名专职安全管理人员； ④合同人数在 100 人及以上的长期外包单位，必须设置独立的安全监督机构，专职安全管理人员应不少于员工总数的 3%，专职安全管理人员应具备安全管理相关专业中专及以上学历，具有从事安全生产相关工作 2 年及以上工作经历，且取得安全管理人员资格证书	[1] 第二十一条	★★★	资料查阅		

（续）

序号	监察要素		监察内容	监察依据	重要程度	监察方式	具体问题	备注
3	招投标管理	3.2 人员资质	（1）有项目经理任命书，项目经理、主要管理人员、技术骨干、特种作业人员等关键岗位人员满足国家规定的要求并与投标文件中承诺的一致，核实后双方确认签字，存档备查	［4］第七条	★★★	资料查阅		
			（2）承包商人员人身意外伤害保险或工伤社会保险在有效期范围内	［1］第四十八条	★★	资料查阅		
			（3）承包商人员必须身体健康、无职业禁忌证，承包商入厂前必须提供作业人员的体检报告。长期承包商人员必须提供具有职业健康体检资质的医疗机构提供的体检报告，其他承包商人员提交县级以上医院的体检报告	［3］第三十五条	★★	资料查阅		
		3.3 分包管理	合同中注明是否允许分包，禁止任何形式的转包和违法分包。如有分包项目需与总包单位签订安全管理协议	［6］第九条	★★★	资料查阅		

三、发电企业承包商管理安全监察表

(续)

序号	监察要素		监察内容	监察依据	重要程度	监察方式	具体问题	备注
4	合同协议管理	4.1 合同	(1) 对外发、承包项目必须由企业统一管理,严禁以部门(车间)、班组或个人名义发、承包项目		★★	资料查阅		
			(2) 合同签订前必须经项目主管部门和安全监督部门共同进行安全生产条件审查确认,不得擅自压缩合同约定的工期,严禁先进场后签合同		★★	资料查阅		
			(3) 应明确项目分包情况		★★	资料查阅		
			(4) 合同中应约定安全生产违章考核及立功奖励相关条款,约束承包方严格遵守发包方各项安全生产规章制度,防止发生各类生产安全事故		★	资料查阅		
		4.2 安全协议	(1) "安全管理协议"至少应包括以下内容:双方各自的权利、义务和安全责任;发包方提出的确保施工安全的安全、组织和技术措施要求;施工现场安全管理实施奖惩的有关规定;承包方应遵照执行的有关安全文明生产、治安、防火等方面的规章制度;外包项目有关方事故报告、调查、统计、责任划分的规定及要求,安全文明生产相关要求等		★★	资料查阅		

（续）

序号	监察要素		监察内容	监察依据	重要程度	监察方式	具体问题	备注
4	合同协议管理	4.2 安全协议	（2）项目涉及多个承包方的，发包方应当与各承包方分别签订安全管理协议；工程实行总承包的，总承包方应与各分包单位分别签订安全管理协议，明确安全生产管理职责		★★	资料查阅		
			（3）签订安全管理协议前不得开工，安全管理协议一经生效后，协议双方均应严肃认真履行，不得违反协议规定		★★	资料查阅		
			（4）交叉作业必须签订安全生产协议；对于两个及以上承包商在同一作业区域内进行作业，可能危及对方生产安全的，在施工开始前必须组织区域内承包商签订安全生产协议，明确各自的安全管理职责和必须采取的安全措施，并设专人进行安全检查和协调	[1]第四十五条	★	资料查阅 现场检查		
5	入厂管理	5.1 人员	（1）对参与项目施工的所有人员进行安全培训，并经考试合格，报发包方备案		★★	资料查阅		
			（2）承包商所有人员必须通过入厂三级安全教育培训并经考试合格，方可办理入厂手续	[9]4.1.9	★★	资料查阅		

三、发电企业承包商管理安全监察表

（续）

序号	监察要素		监察内容	监察依据	重要程度	监察方式	具体问题	备注
5	入厂管理	5.1 人员	（3）承包方人员、监理方人员应统一着装，个人劳动保护用品必须符合国家、行业标准的安全要求	［7］第七条	★	资料查阅 现场检查		
			（4）承包商入厂前必须提供入厂人员用工合同	［2］第十九条	★★	资料查阅		
			（5）发包方应建立具有人员身份识别、自动采集统计进出厂人员信息等功能的门禁系统，承包商人员经安全教育培训并经考试合格后将人员信息录入系统		★★	资料查阅		
		5.2 工器具	（1）承包商必须保证工器具、安全用具、安全防护设施等满足安全施工要求。涉及定期试验检验的工器具、绝缘用具、施工机具、安全防护用品等，必须由具备检验、试验资质的部门出具检验合格报告，并将合格证或检验记录粘贴于明显位置		★★	资料查阅 现场检查		
			（2）承包商应使用取得生产许可证并经检验合格的特种设备，特种设备检测合格标志应置于设备的明显位置，相关清册报发包方备案	［4］第二十九条	★★	资料查阅 现场检查		

（续）

序号	监察要素		监察内容	监察依据	重要程度	监察方式	具体问题	备注
5	入厂管理	5.3 "三措两案"	承包方编制的"三措两案"应符合现场实际情况，满足作业及管理要求，并按规定履行审批手续		★★★	资料查阅		
6	开工准备	6.1 工开许可	（1）具备开工条件后，承包商项目负责人持"开工许可证"或"开工报告"到发包方安全监督部门、生产管理部门办理开工许可		★★	资料查阅		
			（2）承包商项目负责人持经审批的项目"开工许可证"或"开工报告"到发包方业务主管部门办理工作开工手续		★★	资料查阅		
			（3）发包方及监理单位应掌握项目开工及作业进展情况		★★★★	资料查阅		
			（4）发包方对工期、人员配置是否满足作业安全要求进行评估和确认		★★★★	资料查阅		

三、发电企业承包商管理安全监察表

（续）

序号	监察要素		监察内容	监察依据	重要程度	监察方式	具体问题	备注
6	开工准备	6.2 安全交底	（1）发包方业务主管部门应在开工前向项目负责人和安全、技术管理人员进行全面安全技术交底，并保存完整的交底记录		★★	资料查阅		
			（2）工作负责人在开工前应向全体作业人员进行安全风险交底，如实告知作业场所和工作岗位可能存在的危险因素、防范措施以及现场应急处置方案，并保存完整的交底记录		★★	资料查阅		
			（3）针对作业项目开展人身安全风险分析预控		★★★	资料查阅		
			（4）高风险项目应单独进行安全技术交底		★★	资料查阅		
		6.3 安全措施	（1）设备、器具等物品应分类安置摆放，物品摆放应整齐		★★	现场检查		
			（2）施工场地布置符合相关要求，可能影响人身安全、设备安全的，必须做好安全隔离措施及安全防护措施，发包方应到现场检查确认		★★	现场检查		
			（3）按照"三措两案"规定落实施工现场安全措施，发包方应对现场安全措施进行合规性检查并签字确认		★★★	资料查阅		

（续）

序号	监察要素		监察内容	监察依据	重要程度	监察方式	具体问题	备注
7	过程管控	7.1 发包方	（1）按照本企业生产部门（车间）、班组管理标准要求，对承包方实行一体化、无差别管理，同部署、同检查、同考核。劳务派遣人员应纳入本企业班组管理，谁用工、谁监管、谁负责		★★★	资料查阅		
			（2）要求长期承包方参加本企业的生产调度例会、安全网例会、月度安全生产分析会等会议，会议应对外包项目安全管理工作进行总结分析，对存在问题的承包方提出考核意见，并公布考评结果		★★	资料查阅		
			（3）主管部门及安全监督部门必须每月至少参加一次长期承包方的安全学习活动		★	资料查阅		
			（4）安全管理人员应至少每周检查各施工点安全监护情况，发现问题及时通报，并复查安全通报问题整改情况		★	资料查阅		
			（5）每月组织相关单位对外包项目现场进行安全检查		★★	资料查阅 现场检查		
			（6）安全见证点按照三级检查验收规定执行		★★★★	资料查阅 现场检查		

三、发电企业承包商管理安全监察表

（续）

序号	监察要素		监察内容	监察依据	重要程度	监察方式	具体问题	备注
7	过程管控	7.1 发包方	（7）发包方应掌握安全措施、人员、工期的变更情况		★★★	资料查阅 现场检查		
		7.2 承包方	（1）承包商人员必须严格执行"国家能源集团发电企业员工人身安全风险分析预控管理办法（试行）"，作业前针对承担的工作任务进行人身安全风险分析预控，确保人身安全	[8]第五条	★★	资料查阅 现场检查		
			（2）每天召开生产会，组织当天的现场施工；每周至少召开一次协调会，统一协调项目的安全、质量和进度，并形成会议记录或会议纪要		★	资料查阅		
			（3）所有施工作业，承包方都应设专人监护，承包商安全管理人员应同步实施检查监督		★★	资料查阅 现场检查		
			（4）承包商对安全措施、人员、工期的变更调整情况履行报批手续		★★★★	资料查阅 现场检查		

（续）

序号	监察要素		监察内容	监察依据	重要程度	监察方式	具体问题	备注
7	过程管控	7.3 监理方	（1）对外包项目关键部位、关键工序、特殊作业和危险作业进行旁站监理，承包方应派专职安全员现场监护		★★	现场检查		
			（2）组织或参加各类安全检查活动，定期组织召开协调会，并形成会议记录或会议纪要		★★	资料查阅		
			（3）每天深入施工现场进行检查并按规定旁站监理，检查现场作业人员及设备配置是否满足安全施工的要求；监督交叉作业和工序交接中的安全施工措施的落实情况		★★	资料查阅		
			（4）监理方对安全措施、人员、工期的变更履行监理责任		★★★★	现场检查		
		7.4 风险预管理	（1）根据项目施工特点、范围，开展项目安全风险辨识、分析、评估与防控工作，结合风险性质、内容编制现场处置方案，并组织开展应急演练，提高作业人员应急处置及救援能力		★★	资料查阅 现场检查		
			（2）高风险作业要制定相应的组织、安全、技术措施和工作方案、应急预案（"三措两案"），经审核批准后严格执行		★★	资料查阅		

三、发电企业承包商管理安全监察表

（续）

序号	监察要素	监察要素	监察内容	监察依据	重要程度	监察方式	具体问题	备注
7	过程管控	7.4 风险预管理	（3）根据要求及作业任务实际，做好风险分析，制定控制措施，填写人员风险预控本		★★★	资料查阅		
		7.5 班前班后会	（1）每天召开班前会，结合当天工作任务，做好危险点分析，布置相应的安全措施，交代注意事项，告知当天工作和施工存在的风险隐患，并按规定做好记录。没有完善的安全措施，严禁开工		★★	资料查阅		
			（2）每天召开班后会，对当天工作进行总结评价，并按规定做好记录		★★	资料查阅		
8	重点管控	8.1 特种设备作业	（1）特种作业人员持有效证件上岗，进入现场作业时必须随身携带"特种作业证"及"特种设备操作证"（原件或复印件）	[5] 第五条	★★	现场检查		
			（2）承包方施工过程中，如需使用发包方电动葫芦等特种设备，必须签订租赁协议，明确双方责任，严禁无证人员操作特种设备		★★	资料查阅 现场检查		
			（3）动火作业、防腐作业、高处作业、大型起吊作业及脚手架搭拆使用等应严格执行特种作业专项作业标准		★★	现场检查		

（续）

序号	监察要素		监察内容	监察依据	重要程度	监察方式	具体问题	备注
8	重点管控	8.2 临时用电水气（汽）	（1）项目施工需要临时用电、用水、用气（汽）时，承包商应向发包方提出使用申请，得到许可后方可依据接入点允许负荷容量限额使用		★	现场检查		
			（2）承包商使用的临时电源箱、电源控制柜、便携式开关箱等必须配备符合要求的漏电保护器，漏电保护器应进行定期试验检查，粘贴合格证		★	资料查阅 现场检查		
			（3）承包商在每天开工前对临时电源线及箱体进行检查，如有不安全情况，应立即停止使用；每日使用结束时，应及时分开各支路开关，拔掉所有插头，关闭临时电源箱中的总进线开关，锁好箱门		★	现场检查		
		8.3 消防	（1）承包商应在外包项目施工现场按规定设置消防通道、消防水源，配备消防设施和灭火器材，安排专人管理，并定期进行检查，严禁挪作他用		★★	现场检查		

三、发电企业承包商管理安全监察表

（续）

序号	监察要素		监察内容	监察依据	重要程度	监察方式	具体问题	备注
8	重点管控	8.3 消防	（2）现场开展防腐、动火等专项作业时，应另行配置专用消防设施和灭火器材		★★	现场检查		
			（3）如需使用发包方消防设施，必须进行书面申请，发包方签字同意后方可使用（紧急情况除外）		★★	资料查阅 现场检查		
		8.4 高风险作业	制定高风险作业项目的判定及管控标准、"三措两案"的编制、培训、应急演练、开工审批流程、作业过程的安全管理规定		★★★	资料查阅		
		8.5 文明施工	（1）检修现场做到"三齐""三不落地""三无""三不乱"	[10]	★	现场检查		
			（2）作业区域必须做好安全隔离措施，不得影响设备运行操作及巡回检查		★	现场检查		
			（3）小型检修区域看板齐全		★	现场检查		
			（4）严格管理作业中产生的危废、固废、废油，不得随意丢弃		★★	现场检查		

（续）

序号	监察要素		监察内容	监察依据	重要程度	监察方式	具体问题	备注
9	考核与评价	9.1 考核	（1）承包商对现场违章进行自查，并考核、记录		★	资料查阅		
			（2）发包方应监督监理方对现场违章进行考核		★	资料查阅		
			（3）发包方应监督承包商对现场违章进行考核		★	资料查阅		
		9.2 评价	（1）建立安全违章积分制度和实施细则，对承包方的违章行为给予相应的经济处罚或采取其他管控措施		★	资料查阅		
			（2）发包方应当从安全管理、安全教育培训、现场安全文明作业等环节评估承包方安全文明生产能力，并对承包方的安全表现和业绩进行综合考核评价		★★	资料查阅		
10	离厂管理		（1）证件退回：由承包商按照各单位离厂要求办理，退还相关证件，录入门禁系统的相关承包商人员应从系统中清除权限		★	资料查阅		
			（2）物品出厂：由承包商按照各单位离厂要求办理，经各单位相关人员审核签字并经保卫人员确认后，方可放行		★	资料查阅		

三、发电企业承包商管理安全监察表

（续）

序号	监察要素	监察内容	监察依据	重要程度	监察方式	具体问题	备注
11	档案管理	（1）将承包方安全业绩考核评价报告存放至企业档案		★	资料查阅		
		（2）检查承包商履约情况，对不具备安全生产资质和安全生产条件的承包商予以清退，列入"黑名单"，并报上级公司备案		★★	资料查阅		

企业监察总体概况：

1. 基本情况
2. 存在的主要问题
3. 整改要求及建议等

监察负责人签名		企业负责人签名	

说明：

一、监察方式

资料查阅（包括文件、记录、台账等）、现场检查、人员考问等。

二、监察依据

［1］《中华人民共和国安全生产法》（中华人民共和国主席令 第十三号）。

［2］《中华人民共和国劳动法》（中华人民共和国主席令 第二十四号）。

［3］《中华人民共和国职业病防治法》（中华人民共和国主席令 第二十四号）（2018年12月29日第四次修订版）。

［4］《电力建设工程施工安全监督管理办法》（国家发展和改革委员会令 第28号）。

［5］《特种作业人员安全技术培训考核管理规定》（国家安全生产监督管理总局令 第80号）。

［6］《建筑工程施工转包违法分包等违法行为认定查处管理办法》（建市〔2014〕118号）。

［7］《国家安全监管总局办公厅关于印发用人单位劳动防护用品管理规范的通知》（安监总厅安健〔2015〕124号）。

［8］《国家能源集团发电企业员工人身安全风险分析预控管理办法（试行）》（国家能源办〔2018〕293号）。

［9］《中国国电集团公司外包项目安全管理标准（试行）》（国电集生〔2017〕263号）。

［10］国家能源集团发电企业安全工器具和专业工具标准化图册。

四、发电企业安全培训管理安全监察表

序号	监察要素		监察内容	监察依据	重要程度	监察方式	发现问题	备注
1	管理制度	基本要求	（1）建立安全培训管理制度，对企业人员进行与其所从事岗位相应的安全教育培训	[5]第十条	★★	资料查阅		
			（2）主要负责人组织制定并实施本单位安全生产教育和培训计划。保证本单位安全培训工作所需资金	[4]第三条，第二十一条	★★	资料查阅		
2	考试持证	2.1 一般要求	（1）主要负责人和安全生产管理人员初次及年度再培训时间不得低于规定学时	[4]第九条	★	资料查阅		
			（2）各级安全监管监察人员须经资格培训考试合格，持有效证件上岗	[5]第二十三条	★★	资料查阅		
			（3）作业人员进行安全生产教育和培训，并经考核合格后，方可上岗作业	[1]第二十五条；[4]第四条	★★	资料查阅 现场检查		
			（4）采用新工艺、新技术、新材料或者使用新设备，必须了解、掌握其安全技术特性，采取有效的安全防护措施，并对有关人员进行专门的安全生产教育和培训	[1]第二十六条	★★	资料查阅 现场检查		

（续）

序号	监察要素		监察内容	监察依据	重要程度	监察方式	发现问题	备注
2	考试持证	2.1 一般要求	（5）新员工入厂应通过厂（公司）、车间（部门）、班组（岗位）的三级安全教育培训，考试合格后方可上岗作业	[4]第十二条；[13] 3.3.2	★★★	资料查阅		
			（6）新入场（厂）外包人员应当按规定经过三级安全教育并考试合格		★★	资料查阅		
			（7）调整岗位人员，在上岗前必须学习《电业安全工作规程》相关部分，并经考试合格后方可上岗	[13] 3.3.2	★★	资料查阅		
			（8）外来临时参加现场工作的人员应经过《电业安全工作规程》教育和安全知识培训并经考试合格后，方可进入现场参加指定的工作，开始工作前必须向其介绍现场安全措施和注意事项	[13] 3.3.3	★★★	资料查阅		
			（9）中断工作连续3个月以上者应重新学习《电业安全工作规程》，并经考试合格后，方能恢复工作	[13] 3.3.4	★★★	资料查阅		

四、发电企业安全培训管理安全监察表

（续）

序号	监察要素		监察内容	监察依据	重要程度	监察方式	发现问题	备注
2	考试持证	2.2 特殊要求	（1）特种作业人员必须按照国家有关规定经专门的安全作业培训，取得相应资格后方可上岗作业	[1]第二十七条；[2]第一条(三)；[4]第十八条	★★★	资料查阅 现场检查		
			（2）特种设备操作人员必须经专门的安全技术培训并考核合格，取得"中华人民共和国特种作业操作证"（以下简称特种作业操作证）后，方可上岗作业。特种作业操作证应在有效期内	[7]第五条；[10]第二条；[14]第三条	★★★	资料查阅		
			（3）离开特种作业岗位6个月以上的特种作业人员，应当重新进行实际操作考试，经确认合格后方可上岗作业	[6]第三十二条	★★	资料查阅		
3	教育培训	3.1 培训计划	（1）培训计划应明确培训对象、培训标准、培训内容、培训方式、培训时间和实施部门等事项，经主管领导批准	[1]第十八条；[12]第六条；[15]第九条	★★	资料查阅		
			（2）按照培训计划组织实施		★★	资料查阅		

（续）

序号	监察要素		监察内容	监察依据	重要程度	监察方式	发现问题	备注
3	教育培训	3.2 管理人员	（1）国家安全生产方针、政策和有关安全生产的法律、法规、规章及标准	[3]第九条； [4]第八条； [7]第九条	★★	资料查阅		
			（2）安全生产管理、安全生产技术、职业卫生等知识		★★	资料查阅		
			（3）伤亡事故统计、报告及职业危害的调查处理方法		★★	资料查阅		
			（4）应急管理、应急预案编制以及应急处置的内容和要求		★★	资料查阅		
			（5）国内外先进的安全生产管理经验		★★	资料查阅		
			（6）典型事故和应急救援案例分析		★★	资料查阅		
			（7）其他需要培训的内容		★★	资料查阅		
		3.3 作业人员	1. 厂级安全培训应包括如下内容： （1）本单位安全生产情况及安全生产基本知识。 （2）本单位安全生产规章制度和劳动纪律。 （3）从业人员安全生产权利和义务。 （4）有关事故案例等	[4]第十四条	★★	资料查阅		

四、发电企业安全培训管理安全监察表

（续）

序号	监察要素		监察内容	监察依据	重要程度	监察方式	发现问题	备注
3	教育培训	3.3 作业人员	2. 车间级安全培训应包括如下内容： （1）工作环境及危险因素。 （2）所从事工种可能遭受的职业伤害和伤亡事故。 （3）所从事工种的安全职责、操作技能及强制性标准。 （4）自救互救、急救方法、疏散和现场紧急情况的处理。 （5）安全设备设施、个人防护用品的使用和维护。 （6）本车间安全生产状况及规章制度。 （7）预防事故和职业危害的措施及应注意的安全事项。 （8）有关事故案例。 （9）其他需要培训的内容	［4］第十四条； ［9］第四条	★★	资料查阅		
			3. 班组级安全培训应包括如下内容： （1）岗位安全操作规程。 （2）岗位之间工作衔接配合的安全与职业卫生事项。 （3）有关事故案例。 （4）其他需要培训的内容	［4］第十四条	★★	资料查阅		

（续）

序号	监察要素		监察内容	监察依据	重要程度	监察方式	发现问题	备注
3	教育培训	3.4 外包人员	1. 外包人员安全培训应包括以下内容： （1）《电业安全工作规程》有关部分。 （2）针对高风险作业制定的"三措两案"。 （3）安全文明生产标准化和检修作业标准化有关内容。 （4）厂内安全生产有关规定。 （5）作业场所职业危害因素及防范措施等。 （6）岗位安全注意事项。 （7）应急培训	[8] 第三十条； [11] 第三条	★★★	资料查阅		
			2. 制定并实施外包人员培训及考试管理办法		★★★	资料查阅		
4	档案管理	4.1 档案内容	（1）建立安全生产教育和培训档案，如实记录安全生产教育和培训的时间、内容、参加人员以及考核结果等情况	[1] 第二十五条； [4] 第二十二条； [5] 第十条； [12] 第二十条	★★	资料查阅		
			（2）建立健全特种作业人员培训、复审档案，做好申报、培训、考核、复审的组织工作和日常的检查工作	[6] 第三十四条	★★	资料查阅		

四、发电企业安全培训管理安全监察表

（续）

序号	监察要素	监察内容	监察依据	重要程度	监察方式	发现问题	备注
企业监察总体概况： 1. 基本情况 2. 存在的主要问题 3. 整改要求及建议							
监察负责人签名				企业负责人签名			

说明：

一、监察方式

资料查阅（包括文件、记录、台账等）、现场检查、人员考问等。

二、监察依据

［1］《中华人民共和国安全生产法》（中华人民共和国主席令 第十三号）。

［2］《国务院安委会关于进一步加强安全培训工作的决定》（安委〔2012〕10号）。

［3］《作业场所职业健康监督管理暂行规定》（国家安全生产监督管理总局令 第23号）。

［4］《生产经营单位安全培训规定》（国家安全生产监督管理总局令 第80号第二次修正）。

［5］《安全生产培训管理办法》（国家安全生产监督管理总局令 第80号第二次修正）。

［6］《特种作业人员安全技术考核管理规定》（国家安全生产监督管理总局令 第80号第二次修正）。

［7］《工作场所职业卫生监督管理规定》（国家安全生产监督管理总局令 第47号）。

［8］《电力建设工程施工安全监督管理办法》（国家发展和改革委员会令 第28号）。

［9］《社会消防安全教育培训规定》（公安部令 第109号）。

［10］《国家质量监督检验检疫总局关于修改<特种设备作业人员监督管理办法>的决定》（国家质量监督检验检疫总局令 第 140 号）。

［11］《国家安全监管总局办公厅关于加强用人单位职业卫生培训工作的通知》（安监总厅安健〔2015〕121 号）。

［12］《国家能源局关于印发<电力安全培训监督管理办法>的通知》（国能安全〔2013〕475 号）。

［13］《电业安全工作规程 第 1 部分：热力和机械》（GB 26164.1—2010）。

［14］《特种设备作业人员考核规则》（TSG Z 6001—2019）。

［15］中国国电集团公司安全教育培训管理办法。

五、发电企业职业健康管理安全监察表

序号	监察要素		监察内容	监察依据	重要程度	监察方式	发现问题	备注
1	依法合规	1.1 机构人员责任	（1）各级管理者应全面落实职业病防治主体责任，职业病危害严重或劳动者超过100人的用人单位应当设置或指定职业卫生管理机构，配备专职职业卫生管理人员；其他用人单位应当配备专职或兼职的职业卫生管理人员	[1] 第二十条；[2] 第八条	★★★	资料查阅		
			（2）应规范外委工程和业务职业健康管理，加强劳务派遣单位及外委施工队伍职业病防治管理。对外包单位严格资格审查，不得将产生职业病危害的作业发包给不具备职业病防护条件的单位和个人	[14] 第三大项	★★★	资料查阅		
		1.2 费用保障	职业病防治相关费用按规定在生产成本或相关费用中据实列支，包括改造工程、定期检测和日常监测、职业健康体检、防护用品、健康监护、工伤保险和职业卫生培训等费用	[13] 第25条；[14] 第三大项	★★★	资料查阅		

（续）

序号	监察要素		监察内容	监察依据	重要程度	监察方式	发现问题	备注
2	制度建设	2.1 制度计划	（1）建立并完善职业病防治相关制度（13项）并及时进行修订。同时严格职业病防治责任追究，制定职业病防治责任清单，按单履责、照单追责	[1]第二十条；[2]第十一条	★★★	资料查阅		
			（2）建立年度职业病危害防治计划和实施方案		★★★	资料查阅		
3	教育培训	3.1 培训计划	根据行业和岗位特点，制定年度培训计划，确定培训内容和培训学时	[7]六	★★★	资料查阅		
		3.2 管理人员	主要负责人和职业卫生管理人员应每年接受职业健康培训，培训内容应包括职业卫生相关法律法规、职业卫生标准，职业病危害预防基本知识和职业卫生管理相关知识等内容。初次培训时间不得少于16学时，继续教育不得少于8学时	[1]第三十四条；[2]第九条；[7]六	★	资料查阅		
		3.3 员工	（1）每年应对接害员工进行上岗前的职业卫生培训和在岗期间职业卫生培训，培训内容应包括职业病防治法规基本知识、本单位职业卫生管理制度和岗位操作规程、所从事岗位的主要职业病危害因素和防范措施、个人劳动防护用品的使用和维护等内容。初次培训时间不得少于8学时，继续教育不得少于4课时	[1]第三十四条；[2]第十条；[7]六	★★★	资料查阅		

五、发电企业职业健康管理安全监察表

（续）

序号	监察要素		监察内容	监察依据	重要程度	监察方式	发现问题	备注
3	教育培训	3.3 员工	（2）应将职业病危害作业整体外委或劳务派遣纳入本单位统一管理，与承包商签订安全、环境、健康协议书，明确约定外包单位的职业病防治责任和防护措施，并督促其落实	［7］三	★★	资料查阅		
4	作业防护	4.1"三同时"	应严格落实职业病防护设施"三同时"制度，新建、改建、扩建和技术改造、技术引进项目的职业卫生"三同时"必须按规定开展，同时按要求做好职业病危害项目申报工作	［1］第十八条； ［2］第十四条； ［6］第三条	★★	资料查阅		
		4.2 危害因素申报	应向所在地主管部门申报生产场所职业危害项目，并根据企业的实际情况及时进行变更申报	［1］第十六条； ［3］第五条，第六条，第八条	★★★	资料查阅		
		4.3 危害因素检测	（1）应做好职业病危害因素辨识与监测工作，结合行业特点，从现场环境、设备设施和作业过程全方位、全过程对职业病危害因素进行监测，严格报告制度。企业应当委托具有相应资质的职业卫生技术服务机构每年至少进行一次职业病危害因素检测	［1］第二十六条； ［2］第二十条	★★★	资料查阅		

(续)

序号	监察要素		监察内容	监察依据	重要程度	监察方式	发现问题	备注
4	作业防护	4.3 危害因素检测	（2）应加强职业病危害因素定期检测和日常监测，实施由专人负责的职业病危害因素定期及日常监测，对于职业病危害因素不达标的场所应立即治理，并确保监测系统处于正常运行状态	[1] 第二十六条；[2] 第十九条	★★	资料查阅		
			（3）定期及日常检测不合格项目整改完成情况	[1] 第二十六条；[2] 第二十二条	★★	资料查阅 现场检查		
		4.4 危害现状评价	（1）职业病危害严重的企业每3年开展一次职业病危害现状评价	[1] 第二十六条；[2] 第二十条	★★	资料查阅		
			（2）现状评价不合格项目整改完成情况	[1] 第二十六条；[2] 第二十二条	★★	资料查阅 现场检查		
		4.5 防护设施	（1）可能发生急性职业损伤的有毒、有害工作场所，企业应当设置报警装置，配置现场急救用品、冲洗设备、应急撤离通道和必要的泄险区	[1] 第二十五条；[2] 第十七条；[12]	★★★	现场检查		
			（2）现场急救用品、冲洗设备等应设在工作场所或者邻近地点，并在醒目位置设置清晰的标志					

五、发电企业职业健康管理安全监察表

（续）

序号	监察要素		监察内容	监察依据	重要程度	监察方式	发现问题	备注
4	作业防护	4.5 防护设施	（3）可能突然泄漏或者逸出大量有害物质的密闭或者半密闭工作场所，应安装事故通风装置以及与事故排风系统相连锁的泄漏报警装置	[1] 第二十五条；[2] 第十七条；[12]	★★★	现场检查		
			（4）应建立职业病防护设施维护管理制度，对职业病防护设备、应急救援设施和防护用品进行经常性的维护、检修和保养，定期检测其性能和效果，确保其处于正常状态，不得擅自拆除或者停止使用	[1] 第二十五条；[2] 第十八条；[10] 4.4.4，4.4.5，4.4.6	★★★	现场检查 资料查阅		
			（5）鼓励采用职业病危害因素治理新技术、新工艺、新设备、新材料，优先采用在线监测系统，建立健全监测系统	[13] 第31条	★★★	现场检查 资料查阅		
5	个体防护	5.1 用品配置	制定适合本单位的劳动防护用品配备标准（包括防尘口罩、防毒面具、呼吸器、防护服、防护手套、防护鞋和护听器、耳塞等），购买和发放符合标准的产品	[1] 第二十二条，第二十五条；[2] 第十六条；[8] 第十五条，第十六条，第十七条	★★★	资料查阅		
		5.2 用品佩戴	各级管理人员应加强现场个体防护用品监督检查，对于不按标准佩戴的人员应按违章处理	[2] 第十六条	★★★	现场检查		

（续）

序号	监察要素		监察内容	监察依据	重要程度	监察方式	发现问题	备注
6	职业危害告知	6.1 劳动合同	企业劳动合同中明确告知接害员工工作过程中职业病危害及后果、防护措施、待遇等内容	[1] 第三十三条；[2] 第二十九条	★	资料查阅		
		6.2 警示标识	（1）职业病危害工作场所入口、岗位、设备等处的醒目位置应设置警示标识	[1] 第二十四条；[2] 第十五条；[9] 第十三条，第十六条，第十七条	★★★	现场检查		
			（2）可能产生急性职业中毒等严重职业病危害岗位应设置职业病危害告知卡					
			（3）可能产生职业病危害的化学品、放射性同位素和含有放射性物质的材料的岗位应设置醒目的警示标识，配备警示说明					
		6.3 公告栏	主厂房、生产厂区入口等区域的醒目位置应设置公告栏，公布有关职业病防治的规章制度、操作规程、应急救援措施、危害因素检测结果等内容	[1] 第二十四条；[2] 第十五条	★★★	现场检查		
7	职业卫生档案	7.1 管理要求	（1）建立健全职业卫生档案资料	[1] 第二十条；[2] 第三十四条	★★★	资料查阅		
			（2）明确职业卫生档案管理责任部门，指定专（兼）职人员负责	[10] 4.1.10；[11] 4.2.1（2）	★★★	资料查阅		

五、发电企业职业健康管理安全监察表

（续）

序号	监察要素		监察内容	监察依据	重要程度	监察方式	发现问题	备注
7	职业卫生档案	7.2 档案内容	（1）职业病防治责任制文件	［2］第三十四条	★★★	资料查阅		
			（2）职业卫生管理规章制度、操作规程		★★★	资料查阅		
			（3）工作场所职业病危害因素种类清单、岗位分布以及作业人员接触情况		★★★	资料查阅		
			（4）职业病防护设施、应急救援设施基本信息，配置、使用、维护、检修与更换等记录		★★★	资料查阅		
			（5）工作场所职业病危害因素检测、评价报告与记录		★★★	资料查阅		
			（6）职业病防护用品配备、发放、维护与更换等记录		★★★	资料查阅		
			（7）主要负责人、职业卫生管理人员和职业病危害严重工作岗位的劳动者等相关人员职业卫生培训资料		★★★	资料查阅		
			（8）职业病危害事故报告与应急处置记录		★★★	资料查阅		
			（9）劳动者职业健康检查结果汇总资料，存在职业禁忌证、职业健康损害或者职业病的劳动者处理和安置情况记录		★★★	资料查阅		

(续)

序号	监察要素		监察内容	监察依据	重要程度	监察方式	发现问题	备注
7	职业卫生档案	7.2 档案内容	（10）建设项目职业卫生"三同时"有关技术资料，及其备案、审核、审查或者验收等有关回执或者批复文件	[2] 第三十四条	★★★	资料查阅		
			（11）职业卫生安全许可证申领、职业病危害项目申报等有关回执或者批复文件		★★★	资料查阅		
			（12）其他有关职业卫生管理的资料或者文件		★★★	资料查阅		
8	职业卫生监护档案	8.1 管理要求	（1）应为接害员工建立个人职业健康监护档案，一人一档，并妥善保存	[1] 第三十六条；[4] 第十九条	★★★	资料查阅		
			（2）企业应建立员工个人监护档案管理制度，明确专人负责	[4] 第二十条；[10] 4.8.7	★★	资料查阅		
		8.2 档案内容	（1）劳动者姓名、性别、年龄、籍贯、婚姻、文化程度、嗜好等情况	[4] 第十九条	★★★	资料查阅		
			（2）劳动者职业史、既往病史和职业病危害接触史		★★★	资料查阅		
			（3）历次职业健康检查结果及处理情况		★★★	资料查阅		
			（4）职业病诊疗资料		★★★	资料查阅		
			（5）需要存入职业健康监护档案的其他有关资料		★★★	资料查阅		

五、发电企业职业健康管理安全监察表

（续）

序号	监察要素		监察内容	监察依据	重要程度	监察方式	发现问题	备注
9	职业健康体验	9.1 岗前体验	应对拟从事接触职业病危害作业的新录用员工，包括转岗到该作业岗位的员工和有特殊健康要求作业的人员进行上岗前的职业健康检查	[1] 第三十五条； [4] 第十一条； [11] 4.8.1（1）	★★★	资料查阅		
		9.2 岗中体检	应根据员工所接触的职业病危害因素，按照规定组织员工到有职业健康体检资质的医疗机构进行岗中检查。需要复查的，应当根据复查要求增加相应的检查项目	[1] 第三十五条； [4] 第十三条； [11]	★★★	资料查阅		
		9.3 离岗体检	应安排接害员工离岗前30日内到有职业健康体检资质的医疗机构进行离岗检查，并将检查结果存入员工职业健康监护档案。离岗前90日内的岗中体检可以视为离岗时的职业健康检查	[1] 第三十五条； [4] 第十五条； [11] 4.8.3（2）	★★★	资料查阅		
		9.4 职业病病人	对不适宜从事原工作的职业病病人按要求调离原岗位，并妥善安置，保障其治疗、康复和定期检查等职业病待遇	[13] 第47条	★★★	资料查阅		

（续）

序号	监察要素		监察内容	监察依据	重要程度	监察方式	发现问题	备注
10	应急管理	10.1 应急预案	（1）建立健全职业病危害事故应急救援预案，并形成书面文件予以公布	[1] 第二十条；[10] 4.9.1	★★	资料查阅		
			（2）在主要生产作业区域入口等醒目位置公布职业病危害事故应急救援措施，包括事故发生后的报告程序和时限，自救、他救方法和临时应急处理原则等	[1] 第二十四条；[2] 第十五条；[10] 4.6.5	★★	现场检查		
			（3）当制定本单位的应急预案演练计划，根据本单位的事故风险特点，每年至少组织一次专项应急预案演练，每半年至少组织一次现场处置方案演练	[5] 第三十三条；[10] 4.9.3	★★★	资料查阅		
		10.2 救援设施	（1）应急救援设施应存放在车间内或邻近车间处，保证在10s内能够获取，存放地点的醒目位置有警示标识，确保员工知晓	[10] 4.9.2	★★★	现场检查		
			（2）应急救援设施应检验合格，定期检查、维护和更新	[1] 第二十五条；[2] 第十八条；[10] 4.9.2	★★★	资料查阅 现场检查		

五、发电企业职业健康管理安全监察表

（续）

序号	监察要素	监察内容	监察依据	重要程度	监察方式	发现问题	备注

企业监察总体概况：

1. 基本情况

2. 存在的主要问题

3. 整改要求及建议

监察负责人签名		企业负责人签名	

说明：

一、监察方式

资料查阅（包括文件、记录、台账等）、现场检查、人员考问等。

二、监察依据

[1]《中华人民共和国职业病防治法》（中华人民共和国主席令 第二十四号）（2018年12月29日第四次修正）。

[2]《工作场所职业卫生监督管理规定》（国家安全生产监督管理总局令 第47号）。

[3]《职业病危害项目申报办法》（国家安全生产监督管理总局令 第48号）。

[4]《用人单位职业健康监护监督管理办法》（国家安全生产监督管理总局令 第49号）。

[5]《生产安全事故应急预案管理办法》（国家安全生产监督管理总局令 第88号）。

[6]《建设项目职业病防护设施"三同时"监督管理办法》（国家安全生产监督管理总局令 第90号）。

[7]《国家安全监管总局办公厅关于加强用人单位职业卫生培训工作的通知》（安监总厅安健〔2015〕121号）。

[8]《国家安全监管总局办公厅关于印发用人单位劳动防护用品管理规范的通知》（安监总厅安健〔2015〕124号）。

[9]《国家安全监管总局办公厅关于印发用人单位职业病危害告知与警示标识管理规范的通知》（安监总厅安健〔2014〕111号）。

[10]《用人单位职业病防治指南》(GBZ/T 225—2010)。

[11]《职业健康监护技术规范》(GBZ 188—2014)。

[12]《工作场所职业病危害警示标识》(GBZ 158—2003)。

[13] 国家能源投资集团有限责任公司职业病防治规定（试行）。

[14] 李东副总经理在集团公司职业病防治专题会上的讲话。

六、发电企业应急管理安全监察表

序号	监察要素		监察内容	监察依据	重要程度	监察方式	发现问题	备注
1	管理体系	1.1 管理制度	应急管理制度包括组织体系、预案体系、制度体系、培训演练体系、队伍建设体系、保障体系等	[12] 第十三条	★★★	资料查阅		
		1.2 组织机构	（1）设置安全生产应急管理机构	[7] 三(一)；[8] 第二条；[12] 第八条	★★★	资料查阅		
			（2）建立安全生产应急管理责任体系	[1] 第十八条；[8] 第一条	★★★	资料查阅		
			（3）配备专职或兼职安全生产应急管理人员	[8] 第二条	★★★	资料查阅		
2	保障管理	2.1 队伍	（1）建立专（兼）职应急救援队伍	[2] 第二十六条；[4] 第十三条；[8] 第三条；[16] 二（六）	★★★	资料查阅		
			（2）因生产规模较小未建立应急救援队伍的，应与邻近救援队伍签订救援协议	[8] 第三条；[16] 二（六）	★★	资料查阅		

（续）

序号	监察要素		监察内容	监察依据	重要程度	监察方式	发现问题	备注
2	保障管理	2.2 物资装备	（1）按规定配备应急救援器材、设备和物资，明确型号、数量、存放地点	[1]第七十六条；[5] 4.3；[11]第八条	★★★	资料查阅 现场检查		
			（2）建立应急物资台账，做好出入库登记，做到账、卡、物一致，应急物资应及时补充和完善	[16]二（七）	★★	资料查阅 现场检查		
		2.3 生产现场	（1）各种报警装置和应急救援设备、设施，应处于良好状态，能够正常运转	[2]第二十四条；[7]三（四）；[16]二（七）	★★★	现场检查		
			（2）重点岗位各种应急救援器材有定期检测和维护保养记录	[9]附件3.6	★★	资料查阅		
			（3）重点岗位工作人员能够正确使用应急救援器材	[9]附件3.8	★★	现场检查		
			（4）紧急出口、逃生通道以及紧急避难场所应设置明显标志	[2]第二十四条；[8]第六条	★★	现场检查		
			（5）逃生通道、出口应畅通		★★★	现场检查		

六、发电企业应急管理安全监察表

（续）

序号	监察要素		监察内容	监察依据	重要程度	监察方式	发现问题	备注
2	保障管理	2.4 经费	（1）建立应急保障资金投入机制，将应急保障资金纳入年度资金预算	[6]（十七）；[19] 5.1.4	★★	资料查阅		
			（2）对应急保障资金提取和使用进行定期监督检查	[8] 第九条；[19] 5.1.4	★★	资料查阅		
		2.5 通信	建立有线与无线、固定与机动、公众通信与电力专网相结合的应急通信保障体系，严格执行应急通信管理制度，建立相应通讯录	[5] 4.9	★★	现场检查		
3	预案管理	3.1 编制内容	（1）编制前应进行企业风险辨识和评估	[8] 第四条；[10] 第十条；[13] 第十一条；[18] 4.4	★★★	资料查阅 现场检查		
			（2）根据实际情况制定本单位应急预案和重点岗位应急处置卡	[13] 第十四条；[18] 4.6	★★★	资料查阅		
			（3）综合应急预案至少包括：应急组织机构及职责、应急预案体系、事故风险描述、预警及信息报告、应急响应、保障措施、应急预案管理等内容	[10] 第十三条，第十四条，第十五条	★★★	资料查阅		

87

（续）

序号	监察要素		监察内容	监察依据	重要程度	监察方式	发现问题	备注
3	预案管理	3.1 编制内容	（4）专项应急预案至少包括：事故风险分析、应急指挥机构及职责、处置程序和措施等内容	[10] 第十三条，第十四条，第十五条	★★★	资料查阅		
			（5）现场处置方案至少包括：事故风险分析、应急工作职责、应急处置和注意事项等内容		★★★	资料查阅		
		3.2 评审发布	（1）评审之前，应进行桌面演练，演练应当记录、存档	[14] 第四条	★★	资料查阅		
			（2）评审应当形成会议记录，至少记录应急预案名称，评审地点、时间、参会人员信息，专家组书面评审意见，参会人员签名等内容	[14] 第五条，第十一条	★★	资料查阅		
			（3）应急预案评审合格后，按规定签发实施	[13] 第十九条；[18] 4.7	★★★	资料查阅		
		3.3 备案	评审通过的或修订后有重大改动的应急预案按规定向有关部门备案	[14] 第十四条	★★★	资料查阅		

六、发电企业应急管理安全监察表

（续）

序号	监察要素		监察内容	监察依据	重要程度	监察方式	发现问题	备注
3	预案管理	3.4 修订	（1）企业应急预案应每 3 年至少全面修订一次	[13]第三十一条	★★★	资料查阅		
			（2）出现安全生产面临的风险发生重大变化等情况时，企业应按规定及时修订应急预案相关部分		★★	资料查阅		
4	教育培训	4.1 预案培训	（1）每年至少组织进行一次应急预案培训，培训情况应当记录在案	[10]第三十一条；[13]第二十四条	★★★	资料查阅		
			（2）培训主要内容应包括：本单位的应急预案体系构成、应急组织机构及职责、应急资源保障情况以及针对不同类型突发事件的预防和处置措施等	[13]第二十四条	★★	资料查阅		
		4.2 其他培训	（1）企业主要负责人、安全生产应急管理人员应接受有关部门按规定组织的应急管理培训，并经考核合格	[19] 5.3.2	★★★	资料查阅		
			（2）每年定期组织作业人员进行岗位应急知识教育和避险逃生、自救、互救以及岗位应急处置所需的知识和技能培训，并记录在案	[8]第五条	★★★	资料查阅		

89

（续）

序号	监察要素		监察内容	监察依据	重要程度	监察方式	发现问题	备注
4	教育培训	4.2 其他培训	（3）企业应组织开展部门（车间）、班组、岗位相关应急培训，确保各级单位人员熟练掌握相关应急预案、现场处置方案	[13] 第二十三条； [16] 二(八)1	★★★	资料查阅		
			（4）各生产班组按规定定期开展岗位应急演练		★★★	资料查阅		
5	应急演练	5.1 计划	（1）制定应急预案 3 年演练规划和年度演练计划，确保 3 年内所有应急预案至少演练一次	[13] 第二十七条； [17] 7.1，7.2	★★★	资料查阅		
			（2）计划内容至少包括：演练目的、演练项目名称、主要内容、演练类型、完成时间等	[17] 7.2	★★★	资料查阅		
		5.2 实施	（1）依据年度演练计划，组织开展应急演练	[10] 第三十三条	★★★	资料查阅		
			（2）制定演练方案，方案中应包括组织机构、演练及评估内容、保障措施	[13] 第二十九条	★★★	资料查阅		
			（3）演练实施应包括演练条件、演练启动、先期处置、信息报告、预案启动、应急响应、演练结束等内容，并留有记录		★★★	资料查阅		

六、发电企业应急管理安全监察表

（续）

序号	监察要素		监察内容	监察依据	重要程度	监察方式	发现问题	备注
5	应急演练	5.3 评估改进	对演练的目的、组织机构、演练方案、实际开展情况进行评估，根据评估结果进行改进	［21］7.4	★★	资料查阅		
6	应急处置	6.1 预警发布	（1）企业应按规定发布应急预警信息，不得降低政府有关部门和上级单位发布的预警级别	［20］附录 A2.2.4	★★★	资料查阅		
			（2）预警发布后，预警响应范围内的部门和人员应及时采取应对措施，并按规定程序进行汇报	［20］附录 A2.2.3	★★★	资料查阅		
			（3）根据变化及时调整预警级别和预警响应范围，直至预警状态结束	［5］3.1.1；［20］附录 A2.2.4	★★★	资料查阅		
		6.2 处置救援	（1）迅速控制危险源，组织抢救遇险人员	［7］二（三）	★★★	资料查阅		
			（2）组织现场人员撤离或者采取适当的应急措施后撤离	［3］第十七条	★★★	资料查阅		
			（3）及时通知可能受到事故影响的单位和人员，并按规定要求履行报告程序		★★★	资料查阅		
			（4）采取必要措施，防止事故危害扩大和次生、衍生灾害发生		★★★	资料查阅		
			（5）维护事故现场秩序，保护事故现场和相关证据		★★★	资料查阅		

（续）

序号	监察要素		监察内容	监察依据	重要程度	监察方式	发现问题	备注
6	应急处置	6.3 后期处置	（1）进行损失统计、综合分析，及时开展保险理赔及费用结算	[7] 二（四）；[10] 第四十条	★★	资料查阅		
			（2）查找和分析应急事件的起因、性质、影响，总结经验教训；及时清理事发现场，收集整理灾害影像资料和相关基础资料，并进行归档	[12] 第三十条	★★★	资料查阅		
7	应急能力建设评估	7.1 静态监察	（1）企业每 2 年至少开展一次应急能力建设评估，并出具评估报告	[15] 附录2第5.3条；[18] 4.5	★★★	资料查阅		
			（2）评估结果应及时报告相关上级单位	[15] 第三条一、二；[18] 4.5	★★★	资料查阅		
			（3）应急能力建设评估提出的整改问题应闭环，持续改进		★★★	资料查阅		

六、发电企业应急管理安全监察表

（续）

序号	监察要素	监察内容	监察依据	重要程度	监察方式	发现问题	备注
企业监察总体概况： 1. 基本情况 2. 存在的主要问题 3. 整改要求及建议等							
监察负责人签名				企业负责人签名			

说明：

一、监察方式

资料查阅（包括文件、记录、台账等）、现场检查、人员考问等。

二、监察依据

[1]《中华人民共和国安全生产法》（中华人民共和国主席令 第十三号）。

[2]《中华人民共和国突发事件应对法》（中华人民共和国主席令 第六十九号）。

[3]《生产安全事故应急条例》（中华人民共和国国务院令 第708号）。

[4]《电力安全事故应急处置和调查处理条例》（中华人民共和国国务院令 第599号）。

[5]《国家突发公共事件总体应急预案》（国发〔2015〕11号）。

[6]《国务院关于全面加强应急管理工作的意见》（国发〔2006〕24号）。

[7]《国务院办公厅关于加强基层应急管理工作的意见》（国办发〔2007〕52号）。

[8]《企业安全生产应急管理九条规定》（国家安全生产监督管理总局令 第74号）。

[9]《国家安全监管总局办公厅关于加强安全生产应急管理执法检查工作的意见》（安监总厅应急〔2016〕74号）。

[10]《应急管理部关于修改<生产安全事故应急预案管理办法>的决定》(中华人民共和国应急管理部令 第2号)。
[11]《电力安全生产监督管理办法》(国家发展和改革委员会令 第21号)。
[12]《中央企业应急管理暂行办法》(国务院国有资产监督管理委员会令 第31号)。
[13]《国家能源局关于印发<电力企业应急预案管理办法>的通知》(国能综安全〔2014〕508号)。
[14]《国家能源局综合司关于印发<电力企业应急预案评审与备案细则>的通知》(国能综安全〔2014〕953号)。
[15]《国家能源局综合司关于深入开展电力企业应急能力建设评估工作的通知》(国能综安全〔2016〕542号)。
[16]《国家电力监管委员会关于印发<关于加强电力应急体系建设的指导意见>的通知》(电监安全〔2009〕60号)。
[17]《关于印发<电力突发事件应急演练导则(试行)>等文件的通知》(电监安全〔2009〕22号)。
[18]《生产经营单位生产安全事故应急预案编制导则》(GB/T 29639—2013)。
[19]《企业安全生产标准化基本规范》(GB/T 33000—2016)。
[20]《发电企业应急能力建设评估规范》(DL/T 1919—2018)。
[21]《生产安全事故应急演练评估指南》(AQ/T 9009—2015)。

七、发电企业危险化学品管理安全监察表

序号	监察要素		监察内容	监察依据	重要程度	监察方式	发现问题	备注
1	管理制度	1.1 制定	（1）危险化学品相关规章制度应包括：运行、检修规程以及操作票、工作票、动火作业、巡回检查、出入管理、车辆管理、防护用品定期检查等制度，并建立本企业的危险化学品目录清单	［2］第四条	★★	资料查阅		
			（2）制定危险化学品设备管理规定和技术监督管理实施细则		★	资料查阅		
			（3）制定危险化学品设备设施治理和技术监督计划并落实		★	资料查阅 现场检查		
		1.2 培训	（1）危险化学品管理人员、操作人员和作业人员应列入年度培训计划	［2］第四条	★★	资料查阅		
			（2）对相关人员进行危险化学品规章制度、安全及岗位技能的培训		★★	资料查阅		
			（3）危险化学品相关操作人员应取得特种作业操作证后执证上岗		★★	资料查阅		

（续）

序号	监察要素		监察内容	监察依据	重要程度	监察方式	发现问题	备注
2	风险管理	2.1 风险评估	（1）危险化学品风险评估结果应告知相关岗位和人员		★★★	资料查阅 人员考问		
			（2）风险评估结果应与运行操作票、检修工作票相结合，明确安全管控措施		★★★	资料查阅		
3	重大危险源	3.1 备案	按规定向地方监管部门履行备案手续	[3]第二十三条	★★	资料查阅		
		3.2 再评估	在规定情况下对重大危险源重新进行辨识评估及分级	[3]第十一条	★★★	资料查阅		
4	化验室	4.1 备案	剧毒化学品按规定向地方政府有关部门备案		★★	现场检查		
		4.2 存储使用	（1）按规定执行"五双"管理要求，并做好记录		★★	资料查阅		
			（2）有毒性、易燃、致癌或有爆炸性的药品按规定存储及管理	[9] 12.1.9	★	现场检查		
5	酸碱区	5.1 安全设施	（1）按规定涂刷明显的安全色标识并设置安全警示牌		★★	现场检查		
			（2）酸碱区内应设置淋浴喷头和洗眼装置		★★	现场检查		

七、发电企业危险化学品管理安全监察表

（续）

序号	监察要素		监察内容	监察依据	重要程度	监察方式	发现问题	备注
5	酸碱区	5.2 作业防护	（1）在酸碱区作业时，应有必要的遮挡和隔绝措施，防止人员受伤和中毒	[9] 12.7.2.2	★	现场检查		
			（2）检修时应穿防酸碱工作服、胶鞋，戴橡胶手套、防护眼镜、呼吸器等必要安全劳动保护用品	[9] 12.7.2.4	★	现场检查		
			（3）动火作业按规定检测可燃气体浓度	[9] 12.7.2.5	★★	现场检查		
			（4）罐体内检修作业安全措施应符合有限空间作业规定		★★★	现场检查		
6	液氨罐区	6.1 检验登记	（1）压力容器及管道按规定注册登记，进行月度、年度安全检查		★	资料查阅		
			（2）氨气泄漏检测仪、安全阀、压力容器、压力表按规定检验		★★	资料查阅		
		6.2 安全设施	（1）防雷接地系统检测及监督检查情况		★★	资料查阅		
			（2）设置视频监控系统并将信号按规定上传		★★	现场检查		
			（3）液氨储罐的压力、温度、液位以及氨区的氨气体浓度报警值等必须上传至集团公司		★★	现场检查		

(续)

序号	监察要素		监察内容	监察依据	重要程度	监察方式	发现问题	备注
6	液氨罐区	6.3 消防设施	制定消防喷淋系统定期试验规定并执行	[5] 25.6.6	★★★	资料查阅		
7	柴油罐区	7.1 设备设施	(1) 油库储罐应有定期检验计划		★	资料查阅		
			(2) 安全监督管理部门对油罐定期检验情况进行监督检查		★	资料查阅		
			(3) 地上储罐应采用钢制储罐	[10] 6.1.1	★	资料查阅		
			(4) 覆土立式油罐应采用独立的罐室及出入通道，与管沟连接处必须设置防火、防渗密闭隔离墙	[10] 6.2.2	★	资料查阅		
		7.2 防雷防静电	(1) 年度防雷接地装置检测计划		★★	资料查阅		
			(2) 安全监督管理部门对防雷接地检测情况进行监督检查		★★	资料查阅		
			(3) 钢储罐必须做防雷接地，接地点不应少于2处	[10] 14.2.1	★	现场检查		
			(4) 钢储罐接地点沿储罐周长的间距不宜大于30 m，接地电阻不宜大于10 Ω	[10] 14.2.2	★	现场检查		

七、发电企业危险化学品管理安全监察表

（续）

序号	监察要素		监察内容	监察依据	重要程度	监察方式	发现问题	备注
7	柴油罐区	7.2 防雷防静电	（5）泵房门外、储罐上罐扶梯入口、装卸作业区内操作平台的扶梯入口等位置应设消除人体静电装置	[10] 14.3.14	★★	现场检查		
			（6）燃油管道弯头、阀门、法兰、防火堤栏杆等处按规定设置金属跨接线并可靠接入接地网		★★	现场检查		
		7.3 防火防爆	（1）油罐区筑物构件的燃烧性能和耐火极限应符合有关规定要求	[10] 3.0.5	★	现场检查		
			（2）储罐通气管阻火器按规定设置情况	[10] 6.4.7	★	现场检查		
			（3）电机、照明及开关等应选择防爆型，其构造应能防止产生电火花	[10] 16.2.4	★	现场检查		
			（4）地上储罐组应设防火堤，其有效容量不应小于罐组内最大储罐的容量	[10] 6.5.1	★	现场检查		
		7.4 消防设施	（1）罐区内应有符合消防要求的消防设施，必须备有足够的消防器材，并保持完好的备用状态		★★	资料查阅 现场检查		
			（2）按规定定期对消防系统进行检查试验		★★	资料查阅 现场检查		

（续）

序号	监察要素		监察内容	监察依据	重要程度	监察方式	发现问题	备注
7	柴油罐区	7.4 消防设施	（3）泡沫灭火系统按规定开展外观检查及开启试验等定期工作		★★	资料查阅 现场检查		
			（4）定期对消火栓进行维护和出水试验，定期对消防管道阀门丝杆进行润滑		★★	资料查阅 现场检查		
			（5）罐区内按规定明确并配置足够数量的灭火器、消防沙箱及消防铲等器材，并按要求开展定期检查维护工作		★★	资料查阅 现场检查		
			（6）自动冷却喷淋装置按规定进行可靠性试验		★★	资料查阅		
			（7）消防冷却喷淋装置按规定进行试验		★★	资料查阅		
8	氢站	8.1 设备设施	（1）氢站压力容器、压力管道以及安全附件的检修、检验计划		★	资料查阅		
			（2）压力容器、压力管道以及安全附件按规定开展注册登记及检验	[12] 8.1.6；[13] 第十条	★	资料查阅		
			（3）氢气泄漏检测仪、安全阀、压力容器压力表按规定开展定期检验	[18] 4.4.2；[12] 7.2.3.1.3	★★	资料查阅		

七、发电企业危险化学品管理安全监察表

（续）

序号	监察要素		监察内容	监察依据	重要程度	监察方式	发现问题	备注
8	氢站	8.2 防雷防静电	（1）防雷接地装置年度检测计划	[8] 6.4.6	★★	资料查阅		
			（2）安全监督管理部门对防雷接地检测情况进行监督检查		★★	资料查阅		
			（3）氢气站、供氢站的防雷分类不应低于第二类防雷建筑	[7] 9.0.2	★	资料查阅		
			（4）设备、管道、构架、电缆金属外皮、钢屋架和突出屋面的放空管、风管等应接到防雷电感应接地装置上；管道法兰、阀门等连接处，应采用金属线跨接	[7] 9.0.4	★	现场检查		
			（5）室外架空敷设氢气管道及地埋氢气管道均应与防雷电感应接地装置相连。距建筑100 m内的管道，每隔25 m左右接地一次，其冲击接地电阻不应大于20 Ω	[7] 9.0.5	★	现场检查		
			（6）在进出氢气站和供氢站处、不同爆炸危险环境边界、管道分岔处及长距离无分支管道每隔50~80 m均应设防静电接地，其接地电阻不应大于10 Ω	[7] 9.0.6	★	现场检查		

(续)

序号	监察要素		监察内容	监察依据	重要程度	监察方式	发现问题	备注
8	氢站	8.2 防雷防静电	（7）氢气罐接地点不应小于2处，两接地点间距不宜大于30 m，冲击接地电阻不应大于10 Ω，氢气放散管的保护应符合规定	[7] 9.0.7	★★	资料查阅		
		8.3 防爆	（1）电气设施选型不应低于氢气爆炸混合物的级别、组别，电气设备、线路接地应按现行国家标准《爆炸危险环境电力装置设计规范》（GB 50058—2014）的规定执行	[7] 8.0.3	★	现场检查		
			（2）电缆及导线敷设应符合现行国家标准《电力工程电缆设计标准》（GB 50217—2018）的规定。敷设导线或电缆用的保护钢管，应在与电气设备接头部件前、相邻的环境之间等处做隔离密封	[7] 8.0.5	★	现场检查		
			（3）氢气检漏报警装置按设定值与事故排风机连锁启动	[7] 8.0.6	★★★	资料查阅 现场检查		
		8.4 消防设施	（1）可燃气体检测报警仪应设在监测点上方或厂房顶端，其安装高度宜高出释放源0.5~2 m，且周围留有不小于0.3 m的净空	[18] 4.1.7	★	现场检查		

七、发电企业危险化学品管理安全监察表

（续）

序号	监察要素		监察内容	监察依据	重要程度	监察方式	发现问题	备注
8	氢站	8.4 消防设施	（2）自然通风换气次数每小时不得少于3次；事故排风装置换气次数每小时不得少于12次，并与氢气检漏装置连锁	[7] 11.0.5	★	资料查阅现场检查		
			（3）储罐通气管阻火器按规定设置并符合下列规定： ①应引至室外，放空管管口应高出屋脊1 m； ②应有防雨雪侵入和杂物堵塞的措施； ③压力大于0.1 MPa时，阻火器后的管材应采用不锈钢管	[7] 12.0.9	★★	现场检查		
			（4）接至用氢设备的支管，应设切断阀；有明火的用氢设备还应设阻火器	[7] 12.0.10	★	现场检查		
			（5）在氢气管道与其相连的装置、设备之间应安装止回阀，界区间阀门宜设置有效隔离措施	[18] 4.4.9	★	现场检查		
			（6）按规定设置消防栓、消防水带、干粉灭火器、二氧化碳灭火器等消防器材	[18] 9.3	★★	现场检查		
			（7）设专人对氢站消防器材检查情况		★★	资料查阅		
			（8）企业对氢站消防器材的检查、维护、试验情况进行监督检查		★★	资料查阅		

（续）

序号	监察要素		监察内容	监察依据	重要程度	监察方式	发现问题	备注
9	生产管理	9.1 出入管理	制定人员出入管理规定并按规定进行登记		★★	资料查阅		
		9.2 安全防护	（1）制定作业工器具管理规定		★★	资料查阅		
			（2）从事设备运行操作或检修维护作业应使用铜质等防止产生火花的专用工具	[6]第二十五条	★★	现场检查		
			（3）从事设备运行操作或检修维护作业应按规定穿着工作服装、配置个人防护用品		★★	现场检查		
		9.3 巡回检查	（1）企业负责人、主管部门负责人、安监人员等人员按规定到岗到位检查情况		★★	资料查阅		
			（2）运行值班人员按规定巡视检查情况	[6]第二十七条	★	资料查阅		
		9.4 运行操作	（1）风险辨识评估全面准确、有针对性，预控措施满足安全要求		★★	资料查阅		
			（2）运行管理部门每月应对本区操作票执行情况进行检查与考核		★★	资料查阅		
			（3）安监部门每月应对本区操作票执行情况进行监督检查与考核		★★	资料查阅		

七、发电企业危险化学品管理安全监察表

（续）

序号	监察要素		监察内容	监察依据	重要程度	监察方式	发现问题	备注
9	生产管理	9.5 运输接卸	（1）建立供货企业和运输企业管理档案，与供货企业、运输企业签订安全协议	[5] 1.8.17	★★★	资料查阅		
			（2）制定进厂前各项检查和审核的相关规定，明确危险化学品车辆进厂检查的责任部门、人员及检查内容等		★	资料查阅		
		9.6 检修作业	（1）严格执行工作票制度，进行作业危险源辨识和风险评估，做好安全措施及应急处置		★★★	资料查阅		
			（2）严格执行动火工作票制度，按规定办理一级动火工作票，全过程监护监督情况	[11] 第5.1.2条，第4.2.2条	★★★	资料查阅		
			（3）设备内部检修作业时，应对相关设备和管道进行吹扫，保证设备内氧浓度达到19.5%~21%，同时落实有限空间作业安全措施		★★	资料查阅		
			（4）严禁穿戴易产生静电服装，操作时应按规定佩戴个人防护品		★	现场检查		

(续)

序号	监察要素		监察内容	监察依据	重要程度	监察方式	发现问题	备注
10	应急管理	10.1 预案管理	（1）有针对性地编制企业危险化学品管理应急预案，应有专项应急预案和现场处置方案	[4] 第八条	★★★	资料查阅		
			（2）危险化学品应急预案由本单位主要负责人签署公布，并及时发放到有关部门、岗位和相关应急救援队伍，并按规定向政府有关部门备案	[4] 第二十四~二十六条	★★	资料查阅		
		10.2 应急演练	制定本单位危险化学品应急预案演练计划，每年至少组织一次综合应急预案演练或者专项应急预案演练，每半年至少组织一次现场处置方案演练	[4] 第三十三条	★★★	资料查阅		
		10.3 应急物资	按照危险化学品应急预案的规定，建立应急物资、装备的配备及使用档案，并对应急物资、装备进行定期检测和维护，使其处于适用状态	[4] 第三十八条	★★	现场检查		
		10.4 总结评估	演练结束后应对演练效果进行评估，编制评估报告，对预案内容的针对性和实用性进行分析并提出修订意见	[4] 第三十四条，第三十五条	★★	资料查阅		

七、发电企业危险化学品管理安全监察表

(续)

序号	监察要素		监察内容	监察依据	重要程度	监察方式	发现问题	备注
11	危险废物管理	11.1 管理制度	建立危险化学品报废管理制度，建立废弃危险化学品信息登记档案，按规定向政府有关部门申报废弃危险化学品信息	[1] 第三十条	★★★	资料查阅		
		11.2 标志标识	收集、贮存、运输、利用、处置危险废物的设施、场所、容器及包装物必须设置危险废物识别标志	[1] 第五十二条	★★★	现场检查		
		11.3 废弃处理	按照危险废物特性进行分类收集，必须委托给具备相关资质的单位进行处理	[1] 第五十八条	★★	现场检查		

企业监察总体概况：

1. 基本情况
2. 存在的主要问题
3. 整改要求及建议

监察负责人签名		企业负责人签名	

说明：

一、监察方式

　　资料查阅（包括文件、记录、台账等）、现场检查、人员考问等。

二、监察依据

[1]《中华人民共和国固体废物污染环境防治法》(中华人民共和国主席令 第五十七号)。
[2]《危险化学品安全管理条例(2013年修正)》(中华人民共和国国务院令 第645号)。
[3]《危险化学品重大危险源监督管理暂行规定》(国家安全生产监督管理总局令 第40号)。
[4]《生产安全事故应急预案管理办法》(国家安全生产监督管理总局令 第88号)。
[5]《国家能源局关于印发<防止电力生产事故的二十五项重点要求>的通知》(国能安全〔2104〕161号)。
[6]《国家能源局关于印发<燃煤发电厂液氨罐区安全管理规定>的通知》(国能安全〔2104〕328号)。
[7]《氢气站设计规范》(GB 50177—2005)。
[8]《氢气使用安全技术规程》(GB 4962—2008)。
[9]《电业安全工作规程 第1部分:热力和机械》(GB 26164.1—2010)。
[10]《石油库设计规范》(GB 50074—2014)。
[11]《电力设备典型消防规程》(DL 5027—2015)。
[12]《固定式压力容器安全技术监察规程》(TSG 21—2016)。
[13]《压力管道使用登记管理规则》(TSG D5001—2009)。

八、发电企业安全设施管理安全监察表

序号	监察要素		监察内容	监察依据	重要程度	监察方式	发现问题	备注
1	制度台账	1.1 管理制度	应建立管理制度，明确安全设施配置、设备标牌命名、检查与维护、变更等管理流程及相应部门岗位职责	[10] 5.2.2；[12] 5.2.2	★★★	资料查阅		
		1.2 基础台账	应建立安全设施台账清单		★★★	资料查阅		
2	防护栏杆	2.1 配置	（1）平台、通道、吊物孔或工作面的所有敞开边缘按规定要求设置固定式防护栏杆、护沿	[3] 4.1.1	★	现场检查		
			（2）栏杆和脚部护板符合要求	[4] 3.2.13	★★	现场检查		
			（3）围栏的结构采取焊接或螺栓连接	[3] 4.5.1	★	现场检查		
		2.2 物理状况	（1）栏杆、护（围）栏构件不得有变形、缺损、松动等损坏情况	[3] 4.5.2	★	现场检查		
			（2）构件及其连接部分符合要求		★	现场检查		
			（3）进行防锈蚀处理，栏杆和护（围）栏无明显锈蚀		★	现场检查		

（续）

序号	监察要素		监察内容	监察依据	重要程度	监察方式	发现问题	备注
2	防护栏杆	2.3 使用维护	（1）防护栏杆不得违规作为脚手架、起吊或其他的承重支点	[4] 3.2.12，3.2.13，3.2.16	★	现场检查		
			（2）临时护（围）栏应稳固、安全可靠		★	现场检查		
			（3）不得随意跨越、割（移）除防护栏杆及临时护（围）栏		★	现场检查		
			（4）临时护（围）栏用毕应及时收拢、整理，不得有遗留		★	现场检查		
			（5）定期对所有防护栏杆、护（围）栏进行检查和维护，并纳入缺陷管理		★	现场检查		
		2.4 临时拆除变更	（1）履行审批程序	[4] 3.2.13	★★	资料查阅 现场检查		
			（2）设置临时防护措施		★★	资料查阅 现场检查		
			（3）履行恢复验收程序		★★	资料查阅 现场检查		

八、发电企业安全设施管理安全监察表

（续）

序号	监察要素		监察内容	监察依据	重要程度	监察方式	发现问题	备注
3	楼梯通道格栅及平台	3.1 配置	（1）固定式钢梯按要求设置安全护笼	[5] 5.3.2	★	现场检查		
			（2）钢直梯符合规范要求	[5] 4.4.1	★	现场检查		
			（3）固定式钢斜梯应保持完整，铁板必须铺设牢固。铁板表面应有纹路以防滑跌。在楼梯的始级应有明显的安全警示	[4] 3.2.10	★★	现场检查		
			（4）建筑物屋顶平台及架空线爬梯应上锁，爬梯护栏下边缘安装在距地面1.5 m处	[11] 5.4.2.9	★★	现场检查		
			（5）所有高出地面及平台1.5 m，需经常操作的阀门，设有牢固的梯子或平台	[4] 3.2.14	★	现场检查		
		3.2 物理状况	（1）爬梯、楼梯及其所有构件无可能对使用者造成伤害或妨碍其通过的外部缺陷，并且无任何损坏	[5] 4.4.2	★	现场检查		
			（2）所有的钢直（斜）梯、钢结构无明显锈蚀	[5] 4.6.2；[6] 4.5	★	现场检查		
			（3）格栅、盖板应平整、完好，无变形、起翘、松动和不完整，无锈蚀	[3] 4.5.4	★	现场检查		

（续）

序号	监察要素		监察内容	监察依据	重要程度	监察方式	发现问题	备注
3	楼梯通道格栅及平台	3.3 使用维护	（1）爬梯口、楼梯口及中间平台不能堆放物品	[4] 3.2.11	★	现场检查		
			（2）格栅平台有额定载荷标示，堆放物品不超过承重载荷	[4] 3.2.15	★	现场检查		
			（3）在格栅上作业和堆放物品时，格栅上应铺铁板、胶垫等或有其他防落物措施；在靠近外侧栏杆处堆放物品时，栏杆应有防物品滑落措施		★	现场检查		
			（4）定期进行检查和维护，并纳入缺陷管理		★★	现场检查		
		3.4 临时拆除变更	（1）履行审批程序		★	现场检查		
			（2）设置临时防护措施		★	现场检查		
			（3）履行恢复验收程序		★	现场检查		

八、发电企业安全设施管理安全监察表

（续）

序号	监察要素		监察内容	监察依据	重要程度	监察方式	发现问题	备注
4	转动机械护罩	4.1 配置维护	（1）封闭所有转动部件	[4] 3.4.1	★★	现场检查		
			（2）防护所有传送带	[4] 3.4.1	★★	现场检查		
			（3）防护所有轴端和键槽	[4] 3.6.4.2	★★	现场检查		
			（4）防护所有传动装置	[4] 5.5.10；[11] 5.6.2	★★	现场检查		
			（5）防护网和防护罩不得随意拆除，检修后及时恢复、验收	[4] 3.4.1，4.4.14	★	现场检查		
		4.2 物理状况	（1）不得有锐利的边缘和突缘		★	现场检查		
			（2）防护罩或防护网应有足够的强度、刚度，无锈蚀		★	现场检查		
			（3）防护网（罩）应按标准涂色		★	现场检查		
5	隔离闭锁系统	5.1 防误闭锁装置	（1）防误闭锁装置应列入巡检内容，发现异常应纳入缺陷管理		★★	资料查阅 现场检查		
			（2）上锁后钥匙交于规定人员保管，并在相应工作票上注明此锁号码		★★	资料查阅		

（续）

序号	监察要素		监察内容	监察依据	重要程度	监察方式	发现问题	备注
5	隔离闭锁系统	5.2 隔离警示	（1）按规定设置统一的阀门、开关隔离警示牌		★	现场检查		
			（2）按规定放置、挂设及移除隔离警示牌		★	现场检查		
			（3）隔离警示牌不得擅自移除		★	现场检查		
			（4）隔离警示牌应定置管理，统一分类存放		★	现场检查		
		5.3 钥匙箱	（1）按规定保管隔离钥匙		★	现场检查		
			（2）箱体完整，标识清晰		★	现场检查		
			（3）隔离钥匙和锁统一编号		★	现场检查		
			（4）明确备用钥匙使用程序		★	现场检查		
6	设备设施标志	6.1 配置	（1）设备标志符合规范要求	[11] 4.3.1~4.3.3	★	现场检查		
			（2）电缆终端头装设标志牌，标明电缆编号、型号、起点和终点	[11] 4.3.6	★	现场检查		
			（3）现场所有盘、柜、箱及内部元件、装置应装设标志牌，无法安装标志牌的可使用规格一致的标签粘贴		★	现场检查		

八、发电企业安全设施管理安全监察表

（续）

序号	监察要素		监察内容	监察依据	重要程度	监察方式	发现问题	备注
6	设备设施标志	6.1 配置	（4）控制室、开关站等生产场所出入口均应设置区域标志牌		★★	现场检查		
			（5）按规定设置紧急停止按钮，加装防护罩并注明名称	[11] 5.1.6, 5.6.6	★★	现场检查		
			（6）符合标准，整齐美观，醒目直观，不影响操作		★	现场检查		
		6.2 阀门管道	（1）现场阀门应标明名称、编号、开关方向及行程位置	[11] 5.7.2.1	★	现场检查		
			（2）按规定设置管道色标、流向；弯头、穿墙、管道密集、难以辩论的部位应涂刷介质名称、流向的箭头，较长管道应每间隔10 m标志一次	[11] 5.7.1.2	★	现场检查		
7	安全标志	7.1 配置	（1）安全标志符合规范要求		★★	现场检查		
			（2）安全标志或标记的图形、颜色正确，所表示的含义明确	[11] 4.1, 4.2	★	现场检查		

（续）

序号	监察要素		监察内容	监察依据	重要程度	监察方式	发现问题	备注
7	安全标志	7.1 配置	（3）危险物品按类别在其包装的明显位置标注名称，设置不易脱落的法定标志	[8]附录A	★	现场检查		
			（4）相关场所应按规定在醒目位置设置职业危害告知牌，内容包含职业危害种类、后果、预防措施和应急救助措施等内容	[2]第四条，第三章	★★	现场检查		
			（5）按规定辨识企业重大危险源，并配置重大危险源标志	[1]第十八条；[7]	★★	现场检查		
			（6）在有可能产生有害气体的地下室或沟道内工作时，应在出入口醒目位置悬挂"必须戴防毒面具"指令标志牌	[11]7.15.1	★	现场检查		
			（7）按照规定设置道路交通安全标志标识	[11]附录A.5	★★	现场检查		
		7.2 安装	（1）安装应符合标准，整齐美观，醒目直观，不影响操作		★	现场检查		
			（2）安全标志牌应设置在不可移动的物体上，且安全标志牌前不能放置妨碍认读的障碍物	[11]4.2.2.2	★	现场检查		

八、发电企业安全设施管理安全监察表

（续）

序号	监察要素		监察内容	监察依据	重要程度	监察方式	发现问题	备注
7	安全标志	7.2 安装	（3）悬挂式和附着式的安全标志牌应稳固不倾斜；柱式标志牌与支架应连接牢固	[11] 4.2.2.4	★	现场检查		
			（4）多个安全标示牌一起设置时，应按照警告、禁止、指令、提示类型的顺序先左后右、先上后下排列	[11] 4.2.2.3	★	现场检查		
			（5）标志牌要稳固不倾斜，临时悬挂的安全标示牌要采取防脱落措施	[11] 4.2.2.4	★	现场检查		
		7.3 地面界限及标记	（1）根据工作场所的需要划定界限以分隔存储区域和通道区域（如：物品堆放与仓储、机动车道和人行通道、分界线、禁止阻塞线、减速提示线、设备安全警戒线、防止踩空线、防止碰头线、防止绊脚线）	[11] 4.5	★	现场检查		
			（2）机动车道和人行通道应有充分的宽度以允许可能的交通工具无障碍通行		★★	现场检查		
			（3）分界线应有清晰明确的标记		★	现场检查		

（续）

序号	监察要素		监察内容	监察依据	重要程度	监察方式	发现问题	备注
7	安全标志	7.4 安全警示线	（1）地下设施入口盖板上、灭火器存放处、应急通道出入口等应标有禁止阻塞线	[11] 4.5.1	★	现场检查		
			（2）厂内道路限速区域入口处和弯道、交叉路口处应标有减速提示线	[11] 4.5	★	现场检查		
			（3）厂房通道边缘应使用黄线		★	现场检查		
			（4）发电机组、落地安装的转动机械周围及控制台、配电盘前应标有安全警戒线		★	现场检查		
			（5）平台与下行楼梯连接高差0.3 m以上边缘处应标有防止踏空线		★	现场检查		
			（6）人行通道高度不足1.8 m的障碍物上应标有防止碰头线		★	现场检查		
			（7）人行通道地面上高差0.3 m管线或其他障碍物上应标有防止绊跤线		★	现场检查		

（续）

序号	监察要素		监察内容	监察依据	重要程度	监察方式	发现问题	备注
7	安全标志	7.5 消防标志	（1）在火灾报警按钮和消防启动按钮附近设置火灾报警装置标志	[9] 表2	★	现场检查		
			（2）厂房、楼梯的主要通道门上方或左（右）侧应设置紧急撤离提示标志	[11] 4.6.3	★	现场检查		
			（3）地上、地下消火栓标志应固定在距离消火栓1m的范围内，并不应影响消火栓的使用	[11] 5.21.2	★	现场检查		
			（4）灭火器箱前部应标注"灭火器箱"、火警电话、厂内火警电话及编号，泡沫灭火器和泡沫灭火器箱应标注"不适用于电火"字样	[11] 5.21.3、5.21.4	★	现场检查		
			（5）消防沙箱应为红色，上部应有白色的"消防沙箱（池）"字样	[11] 5.21.6	★	现场检查		
		7.6 检查维护	按规定对现场安全警示线进行定期检查，发现不符合要求时，应及时修整		★★	现场检查		

(续)

序号	监察要素	监察内容	监察依据	重要程度	监察方式	发现问题	备注
企业监察总体概况：							
1. 企业监察情况总体描述							
2. 存在的主要问题							
3. 整改要求及建议等							
监察负责人签名				企业负责人签名			

说明：

一、监察方式

资料查阅（包括文件、记录、台账等）、现场检查、人员考问等。

二、监察依据

［1］《危险化学品重大危险源监督管理暂行规定》（国家安全生产监督管理总局令 第 40 号）。

［2］《用人单位职业病危害告知与警示标识管理规范》（安监总厅安健〔2014〕111 号）。

［3］《固定式钢梯及平台安全要求　第 3 部分：工业防护栏杆及钢平台》（GB 4053.3—2009）。

［4］《电业安全工作规程　第 1 部分：热力和机械》（GB 26164.1—2010）。

［5］《固定式钢梯及平台安全要求　第 1 部分：钢直梯》（GB 4053.1—2009）。

［6］《固定式钢梯及平台安全要求　第 2 部分：钢斜梯》（GB 4053.2—2009）。

［7］《危险化学品重大危险源辨识》（GB 18218—2018）。

［8］《危险货物包装标志》（GB 190—2009）。

［9］《消防安全标志 第1部分：标志》（GB 13495.1—2015）。
［10］《企业安全生产标准化基本规范》（GB/T 33000—2016）。
［11］《火力发电企业生产安全设施配置》（DL 1123—2009）。
［12］《国家能源投资集团有限责任公司火电企业安全生产标准化基本规范（试行）》（国家能源办〔2019〕300号）。

九、发电企业安全工器具和专业工具管理安全监察表

序号	监察要素		监察内容	监察依据	重要程度	监察方式	发现问题	备注
1	制度建设	建立健全管理制度和规程	（1）企业应制定安全工器具和专业工具管理制度，制度中应明确管理范围，包括采购、检验、保管、使用、检查、维护和报废各个环节，对应的责任部门及职责	[1]第四条，第二十二条	★★★	资料查阅		
			（2）应明确符合国家相关标准规范的安全工器具和专业工具安全使用的要求					
			（3）应明确绝缘安全工器具试验项目、标准、周期和其他要求，专业工具定期检验标准等					
			（4）部分专业工具，如爬升器、升降机等应编制安全操作规程、手册					
			（5）安全工器具、专业工具的检验检测由按照国家相关规定经过培训并取得相应资质的人员进行					
			（6）应明确安全工器具、专业工具台账的相关要求					

九、发电企业安全工器具和专业工具管理安全监察表

（续）

序号	监察要素		监察内容	监察依据	重要程度	监察方式	发现问题	备注
2	基本要求	2.1 作业人员培训	（1）应组织使用操作人员，学习安全工器具和专用工具各项操作规程、手册和安全技术资料	[1] 第二十五条	★★★	资料查阅 人员考问		
			（2）安全教育和培训档案应包含安全工器具和专业工具相关内容，如实记录培训的时间、内容、参加人员以及考核结果等情况	[1] 第二十五条	★★	资料查阅		
		2.2 作业人员资质	（1）满足作业人员的基本条件	[2] 3.3；[3] 4.2；[4] 4.1	★★★	资料查阅 人员考问		
			（2）涉及特种作业的人员应按照国家相关规定取得特种作业操作资格证书，方可上岗作业	[1] 第二十七条	★★★	资料查阅		
		2.3 工器具	（1）安全工器具和专业工具应符合国家或行业标准规定的要求	[3] 4.1.1；[4] 4.2.1	★★	资料查阅		
			（2）安全工器具和专业工具的采购、检验、保管、使用、检查、维护和报废应当符合国家标准或者行业标准	[1] 第三十二条	★★★	资料查阅 人员考问		

（续）

序号	监察要素		监察内容	监察依据	重要程度	监察方式	发现问题	备注
2	基本要求	2.3 工器具	（3）应当对安全工器具和专业工具开展风险分析，建立基础风险数据库，完善应急措施	[38] 5.5.1.1	★★	资料查阅		
			（4）隐患排查及治理计划、方案中应包括安全工器具和专业工具相关内容	[39] 第三条，第四条；[36] 第十四条，第十九条	★	资料查阅		
			（5）应急管理应包括安全工器具和专业工具相关内容，特别是列入应急物资的安全工器具和专业工具应做好定期检验检测，保证良好备用状态	[1] 第三十二条	★	资料查阅		
			（6）安全工器具和专业工具应按照相关规定进行报废，报废的安全工器具和专业工具严禁使用		★★	资料查阅		
		2.4 作业过程	（1）作业人员的着装应满足要求	[2] 3.3.9	★★★	现场检查		
			（2）按照制度要求、操作规程、技术说明书使用安全工器具和专业工具	[1] 第二十五条	★★★	资料查阅 现场检查		

九、发电企业安全工器具和专业工具管理安全监察表

（续）

序号	监察要素		监察内容	监察依据	重要程度	监察方式	发现问题	备注
3	一般防护安全工器具（含防电弧服）预控措施	3.1 采购	（1）应通过国家指定的检验机构检验合格或取得安全认证的资质单位产品	[5] 1.2.2	★★★	资料查阅		
			（2）新购产品应附有：生产许可证，产品合格证，安全鉴定证，使用说明书	[5] 1.2.3	★★★	资料查阅		
			（3）个体防护装备的选用、配置符合要求	[6] 7； [7] 5，6； [9] 11	★★★	资料查阅		
		3.2 检验	（1）检验项目、周期和检验方法符合要求	[8] 7； [9] 第二十四条； [10] 6； [11] 4； [12] 5； [13] 4； [14] 6，7	★★★	资料查阅 现场检查		
			（2）检验人员应具备相应资质					
			（3）检验合格应出具检验报告或在显著位置张贴检验合格证					
		3.3 保管	（1）应满足国家和行业标准及产品说明书要求	[9] 第二十三条	★★	现场检查		
			（2）应建立清册，并指定人员进行管理					

（续）

序号	监察要素		监察内容	监察依据	重要程度	监察方式	发现问题	备注
3	一般防护安全工器具（含防电弧服）预控措施	3.4 使用	（1）必须使用有效期内合格的防护安全工器具	[37] 第一部分；[9] 第8条；[3] 4.1.1;	★★★	现场检查		
			（2）永久性标识应清晰齐全					
			（3）进入现场正确佩戴、使用防护安全工器具					
			（4）使用与保养要严格按照产品说明书要求进行					
			（5）一般防护安全工器具其他针对性要求					
		3.5 检查	（1）一般防护安全工器具产品标识及定期试验合格资料应齐全	[37] 第一部分	★★	现场检查		
			（2）本体物理特性完好，无裂纹、无变形、无断股、无破损、无开线等影响继续使用的因素					
			（3）各处连接部件应牢固、完整					
			（4）使用年限符合产品要求					
			（5）其他要求项					
		3.6 报废	报废符合规定和要求	[7] 7	★★★	资料查阅		

九、发电企业安全工器具和专业工具管理安全监察表

（续）

序号	监察要素		监察内容	监察依据	重要程度	监察方式	发现问题	备注
4	绝缘安全工器具预控措施	4.1 采购	（1）应通过国家指定的检验机构检验合格或取得安全认证的资质单位产品	[5] 1.2.2	★★★	资料查阅		
			（2）新购产品应附有：生产许可证，产品合格证，安全鉴定证，使用说明书	[5] 1.2.3	★★★	资料查阅		
		4.2 检验	（1）应定期进行电气试验及机械试验，其试验周期： ①电气试验，绝缘工具预防性试验每年一次，检查性试验每年一次，两次试验间隔半年；防护用具预防性试验每半年一次； ②机械试验，绝缘工具每两年一次，承力工具每年一次	[3] 9.14.3； [17] 5，6，7； [18] 6	★★★	资料查阅 现场检查		
			（2）试验符合规定要求					
		4.3 保管	绝缘工器具保管应符合要求	[16] 4~7，4.2，5.2，5.3	★★	现场检查		
		4.4 使用	（1）必须使用有效期内合格的绝缘安全工器具	[4] 4.2.1 [37] 第二部分	★★★	现场检查		
			（2）严格执行电业安全工作规程要求，禁止使用存在缺陷的绝缘安全工器具					

（续）

序号	监察要素		监察内容	监察依据	重要程度	监察方式	发现问题	备注
4	绝缘安全工器具预控措施	4.4 使用	（3）其他针对性要求	[4] 4.2.1 [37] 第二部分	★★★	现场检查		
		4.5 检查	（1）绝缘安全工器具产品标识及定期检验合格标识清晰齐全	[37] 第二部分	★★	现场检查		
			（2）本体物理特性完好，无裂纹、无漏洞、无气泡、无灼伤、无划痕等缺陷影响继续使用的因素					
			（3）使用年限符合产品要求					
			（4）其他要求项					
5	登高工具预控措施	5.1 采购	（1）应通过国家指定的检验机构检验合格或取得安全认证的资质单位产品	[15] 12	★★★	资料查阅		
			（2）新购产品应附有：标签、产品合格证、使用说明书		★★★	资料查阅		
		5.2 检验	（1）购置使用前应进行全面检查	[15] 8.3.1, 8.3.5	★★★	资料查阅 现场检查		
			（2）经检验合格在明显位置张贴合格证					
			（3）剪叉式升降台四周要有高度不小于 1000 mm 的保护栏杆或其他保护措施					

九、发电企业安全工器具和专业工具管理安全监察表

（续）

序号	监察要素		监察内容	监察依据	重要程度	监察方式	发现问题	备注
5	登高工具预控措施	5.3 保管	（1）梯子存放应防止发生变形，其他材料不应放在其上面	[15] 8.3.4；[45] 8.4	★★	现场检查		
			（2）固定式升降平台长期停用时，应将燃料和水放尽，切断电路，锁上控制室；应停放在通风、防潮、防曝晒、无腐蚀气体侵害及有消防设施的场所；应按照产品使用说明书进行保养					
			（3）登高工具应建立清册，并指定人员进行管理					
		5.4 使用	（1）梯子的使用应符合相关要求	[2] 15.8.1~15.8.15，15.1.18，15.1.20；[45] 5.2	★★★	现场检查		
			（2）专业高空作业车辆应由专人驾驶					
			（3）剪叉式升降台使用前应进行全面检查，并应按照说明书进行操作					
			（4）登高工具严禁超载使用					
		5.5 检查（安规）	（1）在梯子购置接收及投入使用前应进行全面检查，投入使用后应进行定期全面检查及每次使用前检查	[15] 8.3.1	★★	现场检查		

（续）

序号	监察要素		监察内容	监察依据	重要程度	监察方式	发现问题	备注
5	登高工具预控措施	5.5 检查（安规）	（2）专业高空作业车辆应定期维护保养，专人驾驶；启升、制动装置可靠，液压机构无渗漏现象，严禁超载使用	[2] 15.1.18, 15.1.19, 15.1.20	★★	现场检查		
			（3）移动平台工作面四周应有1.2m高的护栏，升降机构牢固完好，升降灵活，液压机构无渗漏现象，有明显的荷重标志，严禁超载使用；禁止在不平整的地面上使用；使用时应采取制动措施，防止平台移动					
			（4）使用铝合金快装脚手架前，应认真检查组件有无损坏、变形，扣件有无损坏变形；严禁超载使用					
		5.6 报废	当发现登高工具结构损坏或其他可能导致危险的缺陷不能修复时，应报废	[19] 6.10	★★	现场检查		
6	电动工器具预控措施	6.1 采购	（1）应通过国家指定的检验机构检验合格或取得安全认证的资质单位产品	[5] 1.2.4	★★★	资料查阅		
			（2）新购产品应附有：产品合格证，使用说明书		★★★	资料查阅		

九、发电企业安全工器具和专业工具管理安全监察表

（续）

序号	监察要素		监察内容	监察依据	重要程度	监察方式	发现问题	备注
6	电动工器具预控措施	6.2 检验	每6个月定期测量工具的绝缘电阻，绝缘电阻应不小于规定值	[5] 1.2.4； [19] 6.3e	★★★	资料查阅 现场检查		
		6.3 保管	（1）工具必须存放在干燥、无有害气体和腐蚀性化学品的场所	[19] 3.3	★★	现场检查		
			（2）应建立清册，并指定人员进行管理					
		6.4 使用	（1）依据作业环境，必须正确选用Ⅰ、Ⅱ、Ⅲ类工具	[19] 3.1； [37] 第三部分	★★★	现场检查		
			（2）必须使用有效期内合格的电动工器具					
			（3）使用前，应检验接线正确、无误，电压相符					
			（4）长期搁置或受潮的电动工器具应测量绝缘电阻，符合要求方可使用					
			（5）作业人员应严格执行电业安全工作规程，正确佩戴、使用电动工器具					
			（6）所用的电源插座，必须装漏电保护器					
			（7）特种设备应具有特种作业证					
			（8）其他针对性要求					

（续）

序号	监察要素		监察内容	监察依据	重要程度	监察方式	发现问题	备注
6	电动工器具预控措施	6.5 检查	（1）电动工器具产品标识及定期检验合格标识应清晰齐全	[37] 第三部分	★★	现场检查		
			（2）各部件应完整、齐全、完好，无裂缝、无破损、无灼伤、无缺损，安装牢固可靠					
			（3）转动部分应转动灵活、轻快、无阻滞现象					
			（4）电源开关应动作正常、灵活					
			（5）其他要求项					
		6.6 报废	（1）工具如不能修复，应报废	[19] 6.10	★★	现场检查		
			（2）报废的工具应有明显的标记或销毁					
			（3）报废的工器具严禁进入现场					
7	起重工器具（钢丝绳、千斤顶、手拉葫芦和吊装带)预控措施	7.1 采购	（1）符合钢丝绳技术要求，附有质量证明书	[20] 8，12	★★★	资料查阅		
			（2）千斤顶出厂应附有产品合格证和产品使用说明书	[21] 6.2.1，7.2.2	★★★	资料查阅		
			（3）手拉葫芦出厂应附有产品合格证和产品使用维护说明书	[22] 7.2.2	★★★	资料查阅		

九、发电企业安全工器具和专业工具管理安全监察表

（续）

序号	监察要素		监察内容	监察依据	重要程度	监察方式	发现问题	备注
7	起重工器具（钢丝绳、千斤顶、手拉葫芦和吊装带）预控措施	7.1 采购	（4）吊装带证书，至少包括制造商的标志、试验参考资料、执行标准号等内容	[23] 8	★★★	资料查阅		
		7.2 检验	钢丝绳、螺旋千斤顶、手拉葫芦、吊装带检验符合安全要求	[20] 10；[21] 5，6；[22] 5，6；[23] 6	★★★	资料查阅 现场检查		
		7.3 保管	（1）起重工器具应存放在良好、防潮、防晒、防锈蚀的仓库内	[21] 7.3.2	★★	现场检查		
			（2）起重工器具应建立清册，并指定人员进行管理					
		7.4 使用	（1）必须使用有效期内合格的起重工器具	[2] 16.3；[37] 第四部分；[40] 4	★★★	现场检查		
			（2）严格按照相关技术参数使用，不得超负荷工作					
			（3）严格执行起重工器具作业要求					
			（4）其他针对性要求					

(续)

序号	监察要素		监察内容	监察依据	重要程度	监察方式	发现问题	备注
7	起重工器具（钢丝绳、千斤顶、手拉葫芦和吊装带）预控措施	7.5检查	（1）起重工器具定期检验合格标识，应清晰齐全	[2]附件C表C.6；[37]第四部分；[40]第5条	★★	现场检查		
			（2）各部件完整无缺失、无裂纹、无变形、无卡顿等缺陷影响使用					
			（3）其他要求项					
8	气动工器具及液压工器具预控措施	8.1采购	（1）产品设计安全原则与规范符合国家标准要求	[24] 4.1、4.3；[25] 5.2.1	★★★	资料查阅		
			（2）新采购的产品应附有合格证明书和使用说明书					
		8.2检验（完善）	（1）气动工具产品标识及定期检验合格资料应齐全	[25] 5；[27] 7.2；[37]第五部分第一款第（三）条，第五部分第二款第（三）条，第五部分第三款第（三）条	★★★	资料查阅 现场检查		
			（2）液压扳手产品标识及定期检验合格资料应齐全					
			（3）液压千斤顶产品标识及定期检验合格资料应齐全					

九、发电企业安全工器具和专业工具管理安全监察表

（续）

序号	监察要素		监察内容	监察依据	重要程度	监察方式	发现问题	备注
8	气动工器具及液压工器具预控措施	8.3 保管	（1）液压扳手应贮存在干燥通风的环境，不得在日光下长期曝晒 （2）液压千斤顶应存放在通风良好、防潮、防晒、防腐蚀的仓库内 （3）气动工具及液压工具应建立清册，并指定人员进行管理	[25] 6.4.1； [26] 6.4	★★	现场检查		
		8.4 使用	（1）气扳机： ①气扳机不得在高压下长时间空运转，以防磨损机件造成性能下降； ②高空作业时，应将气扳机与连接件（套筒）用销子固定，并且气扳机要用安全绳拴住，以消除发生连接件及气扳机坠落隐患； ③气扳机使用完毕，应用木塞等软物封住进气孔，防止污物进入机内 （2）液压扳手： ①使用时液压扳手的连接胶管应处于自由状态，不得盘成直径小于 500 mm 圆圈； ②使用完毕后切断电源，按卸压阀卸去系统余压，完全打开压力调节阀，再拆卸油管； ③卸下快速接头后，其接头外露部分必须用防尘盖罩住	[37] 第五部分	★★★	现场检查		

（续）

序号	监察要素		监察内容	监察依据	重要程度	监察方式	发现问题	备注
8	气动工器具及液压工器具预控措施	8.4 使用	（3）液压千斤顶： ①千斤顶必须与荷重面垂直，其顶部与重物的接触面间应加防滑垫层； ②千斤顶将重物顶升后，应及时用支撑物将重物支撑牢固，避免将千斤顶作为支撑物使用； ③使用过程中应避免千斤顶剧烈振动，操作应匀速缓慢	［37］第五部分	★★★	现场检查		
		8.5 检查	（1）气扳机： ①气扳机不得在高压下长时间空运转，以防磨损机件造成性能下降； ②高空作业时，应将气扳机与连接件（套筒）用销子固定，并且气扳机要用安全绳拴住，以消除发生连接件及气扳机坠落隐患； ③气扳机使用完毕，应用木塞等软物封住进气孔，防止污物进入机内	［37］第五部分	★★	现场检查		
			（2）液压扳手： ①扳手各部件应完整无缺失、连接牢固、无任何有损强度的损伤； ②现场与扳手所连接的油管外观也应检查，应无灼伤、无划痕，试操作时应无泄漏现象					

九、发电企业安全工器具和专业工具管理安全监察表

（续）

序号	监察要素		监察内容	监察依据	重要程度	监察方式	发现问题	备注
8	气动工器具及液压工器具预控措施	8.5 检查	（3）液压千斤顶： ①各部件应完整无缺失、无可见裂纹和残余变形，各处连接应牢固可靠，液压油连接口处密封应严密、无泄漏现象； ②起重轴杆升降应灵活、无卡顿； ③底座面应平整，使用时应无目测倾斜现象； ④顶重头承载端面应有防滑压花或沟槽	[37] 第五部分	★★	现场检查		
9	焊接切割设备预控措施	9.1 采购	（1）应附有产品合格证、使用说明书	[28] 10； [30] 3.1.2； [41] 12, 13； [42] 11, 12； [43] 17.1, 17.2	★★★	资料查阅		
			（2）产品应有符合相关规范要求的标记					
		9.2 检验	（1）产品检验符合相关标准规范要求	[29] 7.1； [43] 17.2； [42] 11	★★★	资料查阅 现场检查		
			（2）按照相关标准进行检定，检定周期一般不超过1年					

（续）

序号	监察要素		监察内容	监察依据	重要程度	监察方式	发现问题	备注
9	焊接切割设备预控措施	9.3 保管	（1）焊接与切割设备应建立清册，并指定人员进行管理		★★★	现场检查		
			（2）焊接与切割设备应存放在通风良好、防潮、防晒、防腐蚀的仓库内					
		9.4 使用	（1）焊接切割设备操作者应按照规范要求进行操作	[30] 3.2.3	★★	现场检查		
			（2）所有运行使用中的焊接切割设备必须处于正常的工作状态，存在安全隐患时，必须停止使用	[30] 3.1.1				
			（3）焊接切割设备的使用应符合《电业安全工作规程-热力和机械》《焊接与切割安全》内相关要求	[2] 14；[30] 第二分篇				
			（4）焊接切割设备使用时应采取必要的消防措施	[30] 6				
			（5）焊接切割设备使用前严格执行《电力设备典型消防规程》内动火管理相关要求	[44] 第5部分				
			（6）特种设备焊接操作人员应符合《特种设备焊接操作人员考核细则》的相关要求	[31] 第三条				

九、发电企业安全工器具和专业工具管理安全监察表

（续）

序号	监察要素		监察内容	监察依据	重要程度	监察方式	发现问题	备注
9	焊接切割设备预控措施	9.5 检查	（1）焊接切割设备应标志齐全，张贴有定期检验合格证 （2）按照《电力设备典型消防规程》要求动火工作票执行情况 （3）特种（设备）作业人员应持证并按照许可项目进行作业 （4）焊接作业人员应按照规程要求佩戴和使用符合国家规范要求的劳动防护用品 （5）软管的使用应符合《气体焊接设备 焊接、切割和类似作业用橡胶软管》中的要求 （6）氧气压力表应标明红色的"禁油"字样或禁油标志 （7）使用的焊接切割工具应无缺陷 （8）焊接设备外壳接地应符合要求 （9）在封闭空间内实施焊接及切割时，气瓶及焊接电源必须放置在封闭空间的外面 （10）焊接切割设备的使用应符合《焊接与切割安全》内第二分篇的要求	[2] 14.1.1, 14.1.2, 6, 9, 11, 12, 13; [30] 4.2, 7.2.1 [28] 10.2; [29] 5.5.1; [44] 12.1	★★	现场检查		

(续)

序号	监察要素		监察内容	监察依据	重要程度	监察方式	发现问题	备注
9	焊接切割设备预控措施	9.5 检查	（11）焊接切割设备使用涉及电焊和气焊时应符合《电力设备典型消防规程》的规定		★★	现场检查		
			（12）氢、油、氨等化学设备系统区域、容器内、特种设备上使用焊接切割设备应符合《电业安全工作规程-热力和机械》内相关要求					
			（13）禁止用连接建筑物金属构架和设备等作为焊接电源回路	[2] 14.2.6				
		9.6 报废	（1）焊接切割设备有缺陷无法修复时应报废	[2] 14.5.1, 14.1.3；[43] 17.2；[42] 11	★★	资料查阅		
			（2）检定不合格的压力表应报废					
10	免爬器及升降机预控措施	10.1 采购	（1）应取得国家认证认可主管部门授权机构的认证或欧盟 CE 认证、美国 UL 认证	[34] 第五条；[35] 第五条	★★★	资料查阅		
			（2）生产单位 ISO9001 质量管理体系证书	[34] 第六条；[35] 第六条	★★★	资料查阅		

九、发电企业安全工器具和专业工具管理安全监察表

（续）

序号	监察要素		监察内容	监察依据	重要程度	监察方式	发现问题	备注
10	免爬器及升降机预控措施	10.1 采购	（3）满足免爬器、升降机基本性能、主要部件技术性能	［34］第十条，第十一条；［35］第十条，第十一条	★★★	资料查阅		
		10.2 检验	（1）免爬器： ①产品必须通过国家权威机构或设备厂家的检验检测，并取得加盖公章的定期检验报告； ②检测检验应符合标准要求； ③将《安全检验合格》标志粘贴在车体明显位置	［34］第七条，第十四条，第十八条	★★★	资料查阅现场检查		
			（2）升降机： ①产品必须通过国家权威机构或设备厂家的检验检测，并取得加盖公章的定期检验报告； ②检测检验应符合标准要求； ③将《安全检验合格》标志粘贴在车体明显位置	［35］第七条，第十四条，第十八条	★★★	资料查阅现场检查		

(续)

序号	监察要素		监察内容	监察依据	重要程度	监察方式	发现问题	备注
10	免爬器及升降机预控措施	10.3 保管	（1）建立免爬器、升降机安全管理制度并严格执行	[34]第十七条；[35]第十五条	★★	现场检查		
			（2）组织安全管理人员和操作人员进行安全及技术培训					
			（3）建立安全技术档案					
		10.4 使用	（1）组织免爬器及升降机安装调试和验收工作，合格后使用	[34]第十六条；[35]第十五条	★★★	现场检查		
			（2）使用及操作符合规范要求					
			（3）其他针对性要求					
		10.5 检查	（1）按照检查项目，定期组织检查	[34]第十五条；[35]第十五条	★★	现场检查		
			（2）定期检查应有记录					
11	安全围网（围栏）和标示牌预控措施	11.1 采购	（1）安全网产品符合国家标准要求，标识附有永久标识和产品说明	[32]8	★	资料查阅		
			（2）符合安全标志及其使用导则规定要求	[33]4~9	★★★	资料查阅		

九、发电企业安全工器具和专业工具管理安全监察表

（续）

序号	监察要素		监察内容	监察依据	重要程度	监察方式	发现问题	备注
11	安全围网（围栏）和标示牌预控措施	11.2 检验	（1）安全网检验符合安全要求	[8] 7.2; [32] 6、7; [33] 4~9	★★★	资料查阅现场检查		
			（2）标识牌检查符合安全要求					
		11.3 保管	参照绝缘安全工器具保管与存放	[37] 4~7	★★	现场检查		
		11.4 使用	（1）正确悬挂标示牌和装设护栏（围栏），其式样符合规定	[3] 7.4; [37] 第七部分; [8] 5.3.2、6	★★★	现场检查		
			（2）产品标识及资料应齐全					
			（3）各组成部分应完好齐全，无灼伤、无断纱、无破洞、无变形					
			（4）安全标识牌字迹应清晰，牌面无划伤、无褪色模糊等现象；牌面无扭曲，放置牢固					
			（5）安全网严禁超期限使用。其他针对性要求					
		11.5 检查	（1）安全网是否有霉点	[8] 5.3.3; [33] 10; [37] 第七部分（三）	★★	现场检查		
			（2）安全网是否有破洞或断绳现象					
			（3）标志牌字迹应清晰，放置牢固无脱落的风险隐患，牌面无扭曲变形等损伤					

(续)

序号	监察要素		监察内容	监察依据	重要程度	监察方式	发现问题	备注
12	档案管理	管理要求	（1）安全工器具和专业工具下列资料应定期归档，包括但不限于：采购、使用、检查和维修的技术档案，检验报告，设计文件等		★	资料查阅 现场检查		
			（2）归档资料应符合档案管理相关要求					

企业监察总体概况：

1. 基本情况
2. 存在的主要问题
3. 整改要求及建议

监察负责人签名		企业负责人签名	

说明：

一、监察方式

　　资料查阅（包括文件、记录、台账等）、现场检查、人员考问等。

二、监察依据

　［1］《中华人民共和国安全生产法》（中华人民共和国主席令 第十三号）。

　［2］《电业安全工作规程　第 1 部分：热力和机械》（GB 26164.1—2010）。

　［3］《电力安全工作规程　发电厂和变电站电气部分》（GB 26860—2010）。

　［4］《电力安全工作规程　电力线路部分》（GB 26859—2011）。

［5］《防止电力生产事故的二十五项重点要求》（国能安全〔2014〕161）。

［6］《个体防护装备配备基本要求》（GB／T 29510—2013）。

［7］《个体防护装备选用规范》（GB／T 11651—2008）。

［8］《坠落防护装备安全使用规范》（GB／T 23468—2009）。

［9］《用人单位劳动防护用品管理规范》（安监总厅安健〔2015〕124）。

［10］《安全带》（GB／T 6095—2009）。

［11］《安全带测试方法》（GB／T 6096—2009）。

［12］《安全帽》（GB／T 2811—2019）。

［13］《耐酸（碱）手套》（AQ 6102—2007）。

［14］《防护服装 酸碱类化学品防护服》（GB 24540—2009）。

［15］《便携式金属梯安全要求》（GB 12142—2007）。

［16］《带电作业用工具库房》（DL／T 974—2018）。

［17］《带电作业工具、装置和设备预防性试验规程》（DL／T 976—2017）。

［18］《电力安全工器具预防性试验规程》（DL／T 1476—2015）。

［19］《手持式电动工具的管理、使用、检查和维修安全技术规程》（GB／T 3787—2017）。

［20］《钢丝绳通用技术条件》（GB／T 20118—2017）。

［21］《螺旋千斤顶》（JB／T 2592—2017）。

［22］《手拉葫芦》（JB／T 7334—2016）。

［23］《编织吊索 安全性 第1部分：一般用途合成纤维扁平吊装带》（JB／T 8521.1—2007）。

［24］《凿岩机械与气动工具 安全要求》（GB 17957—2005）。

［25］《液压转矩扳手》（JB／T 5557—2007）。

［26］《油压千斤顶标准》（JB／T 2104—2002）。

[27]《液压千斤顶》(JJG 621—2012)。

[28]《气体焊接设备 焊接、切割和类似作业用橡胶软管》(GB/T 2550—2016)。

[29]《焊接、切割及类似工艺用气瓶减压器安全规范》(GB 20262—2006)。

[30]《焊接与切割安全》(GB 9448—1999)。

[31]《特种设备焊接操作人员考核细则》(TSG Z6002—2010)。

[32]《安全网》(GB/T 5725—2009)。

[33]《安全标志及其使用导则》(GB 2894—2008)。

[34]《中国国电集团公司风电机组免爬器安全管理规定》。

[35]《中国国电集团公司风电机组升降机安全管理规定》。

[36]《国家能源集团公司安全环保隐患排查治理与监督管理规定》。

[37]《国家能源集团发电企业安全工器具和专业工具标准化图册》。

[38] 国家能源投资集团有限责任公司火电企业安全生产标准化基本规范(试行)。

[39]《安全生产事故隐患排查治理暂行规定》(国家安全监管总局令 第 16 号)。

[40]《手拉葫芦 安全规则》(JB 9010—1999)。

[41]《弧焊设备 第 7 部分：焊炬（枪）》(GB/T 15579.7—2013)。

[42]《弧焊设备 第 11 部分：电焊钳》(GB/T 15579.11—2012)。

[43]《弧焊设备 第 1 部分：焊接电源》(GB 15579.1—2013)。

[44]《电力设备典型消防规程》(DL 5027—2015)。

[45]《固定式升降工作平台》(JB/T 11169—2011)。

十、发电企业隐患缺陷管理安全监察表

序号	监察要素		监察内容	监察依据	重要程度	监察方式	发现问题	备注
1	制度	1.1 隐患管理	内容至少包括隐患排查治理、宣传教育培训、报告、奖惩、治理资金使用等	[1] 第三十八条；[2] 第十一条；[5] 第三十三条，第三十四条	★★★	资料查阅		
		1.2 缺陷管理	内容至少包括缺陷发现、登记、分类、消除、统计分析、奖惩考核等		★★	资料查阅		
2	职责	2.1 各级人员	各级人员职责分工及履职情况	[2] 第八条；[4] 5.5.3.1	★★★	资料查阅 现场检查		
		2.2 外委单位	外委单位按合同、协议规定划分职责，开展工作情况	[2] 第十二条	★★★	资料查阅 现场检查		
		2.3 分级管控	建立隐患缺陷分级管控机制，明确不同等级隐患缺陷的责任部门和责任人员	[7] 7.4.1	★	资料查阅 现场检查		

（续）

序号	监察要素		监察内容	监察依据	重要程度	监察方式	发现问题	备注
3	排查	3.1 隐患	（1）建立隐患排查工作机制，制定隐患排查工作计划	[5]第十四条	★★	资料查阅		
			（2）安全大检查、技术监督、季节性检查、综合检查、专项检查、日常检查等不同方式隐患排查情况	[6] 5.5.3.1	★★★	资料查阅		
		3.2 缺陷	（1）缺陷查找奖惩机制建立及落实情况		★★	资料查阅		
			（2）缺陷登记情况及现场实际缺陷存在情况	[7] 7.4.2	★	资料查阅 现场检查		
4	评估	4.1 辨识评估	按规定对隐患缺陷风险辨识评估情况	[5]第九条（二）	★★	资料查阅		
		4.2 分级分类	按规定对隐患缺陷分级分类管控情况	[5]第十条,第十一条	★★	资料查阅		
5	报告	5.1 定期报告	定期对本单位隐患排查治理情况进行统计分析，并分别按规定时间和要求向有关部门和上级单位报送书面统计分析表	[5]第十七条	★★★	资料查阅		
		5.2 重大隐患	按规定及时向属地安全监管监察部门和有关部门报告重大隐患，内容按规定应包括现状、原因、危害程度、治理方案、应急预案等内容	[5]第十八条	★★★	资料查阅		

（续）

序号	监察要素		监察内容	监察依据	重要程度	监察方式	发现问题	备注
6	措施	6.1 组织措施	隐患治理责任单位和人员的落实情况		★★	资料查阅		
		6.2 资金保障	隐患治理资金的落实情况	[2]第九条	★★	资料查阅		
		6.3 安全措施	（1）隐患缺陷治理预防措施的制定、落实及监测情况	[3]第二十条	★★★	资料查阅		
			（2）应急预案制定及演练情况		★★★	资料查阅		
			（3）无法保证安全时，采取的停工、疏散、设置警示隔离等措施的执行情况	[2]第十六条	★★	现场检查		
7	治理	7.1 方案制定	方案的制定满足"五定"原则，并按规定履行编制审批手续	[3]第二十条	★★	资料查阅		
		7.2 方案执行	按照方案规定的时限及要求开展治理，不能按时完成治理的隐患缺陷按照规定履行变更审批手续	[5]第五章	★★★	资料查阅		
		7.3 挂牌督办	按照分级分类管理规定要求实施挂牌督办的情况	[5]第六章	★★★	资料查阅		
		7.4 损除影响	治理期间发生因隐患缺陷导致的事故（事件）情况		★	资料查阅		

（续）

序号	监察要素		监察内容	监察依据	重要程度	监察方式	发现问题	备注
8	验收	8.1 一般隐患	按规定对一般隐患的治理情况进行验收		★★	资料查阅		
		8.2 重大隐患	（1）由上级单位挂牌督办的重大隐患，治理完成后按规定书面报请督办单位组织验收，验收复查意见存档	［5］第二十六条	★★★	资料查阅		
			（2）地方政府或有关部门挂牌督办的重大隐患，治理完成后按规定书面报请督办单位组织验收，验收复查意见存档	［2］第十八条； ［4］5.5.3.3； ［5］第二十八条	★★★	资料查阅		
		8.3 缺陷	（1）按规定对缺陷治理情况进行验收消除		★	现场检查		
			（2）同时满足现场安全文明生产标准规定	［6］	★	资料查阅 现场检查		
9	统计	9.1 记录	（1）统计台账、管理系统建立及使用情况		★	资料查阅		
		9.2 分析	（2）定期统计分析情况	［7］7.4.3	★★	资料查阅		

企业监察总体概况：

1. 基本情况
2. 存在的主要问题
3. 整改要求及建议

监察负责人签名		企业负责人签名	

十、发电企业隐患缺陷管理安全监察表

说明：

一、监察方式

　　资料查阅（包括文件、记录、台账等）、现场检查、人员考问等。

二、监察依据

［1］《中华人民共和国安全生产法》（中华人民共和国主席令 第十三号）。

［2］《安全生产事故隐患排查治理暂行规定》（国家安全生产监督管理总局令 第16号）。

［3］国家电力监管委员会《关于印发<电力安全隐患监督管理暂行规定>的通知》（电监安全〔2013〕5号）。

［4］《企业安全生产标准化基本规范》（GB/T 33000—2016）。

［5］《安全环保隐患排查治理与监督管理规定》（国家能源办〔2019〕261号 国家能源投资集团有限责任公司）。

［6］《火电企业安全生产标准化基本规范（试行）》（国家能源办〔2019〕300号 国家能源投资集团有限责任公司）。

［7］2018年国家能源集团发电单位安全环保评价标准（试行）。

十一、发电企业高风险作业管理安全监察表

序号	监察要素		监察内容	监察依据	重要程度	监察方式	发现问题	备注
1	制度建设	管理制度	高风险作业管理制度应包括作业项目的确定、"三措两案"的编制、培训、应急演练、开工审批流程、作业过程的安全管理等内容	[8] 5.2.2	★★★	资料查阅		
2	高风险项目	2.1 风险评估	（1）成立风险评估工作小组，对年度作业项目进行风险辨识评估；高风险作业项目经生产管理部门、安全管理部门审核，再经企业主管领导审批后予以公布	[6] 12.2.2；[10] 5.5.2.1	★★	资料查阅		
			（2）除年度高风险作业项目清单外，重大技改项目应进行风险辨识评估。高风险作业项目应召开专项评估审查会，进行专项风险评估，并经企业主管领导审批后予以实施		★★	资料查阅		
		2.2 确定发布	查阅企业有关高风险作业内部风险评估、审核流程、会议、评估文件和公布清单	[10] 5.2.2	★★★	资料查阅		

十一、发电企业高风险作业管理安全监察表

（续）

序号	监察要素		监察内容	监察依据	重要程度	监察方式	发现问题	备注
3	"三措两案"	3.1 编制	编制专项高风险作业的"三措两案"，应在施工方案中设置安全见证点	[6] 12.2.2	★★	资料查阅		
		3.2 审核	（1）由施工方、监理方、业主方共同审核，报企业主管领导批准后实施		★★	资料查阅		
			（2）对于危大项目作业，应当组织召开专家论证会，对专项施工方案进行论证	[3] 第十二条，第十三条	★★	资料查阅		
			（3）高风险作业项目施工方案必须报企业安全管理部门备案	[6] 12.2.3	★★	资料查阅		
		3.3 培训	（1）业主方项目管理部门应组织施工方、监理方对高风险作业"三措两案"进行学习与培训，合格后方可入厂（场）施工，并保存培训记录资料	[3] 第十五条	★★	资料查阅 人员考问		
			（2）施工方、监理方应组织全部作业人员对高风险作业"三措两案"进行学习与培训，合格后方可入厂（场）施工，并保存培训记录资料		★★	资料查阅 人员考问		

（续）

序号	监察要素		监察内容	监察依据	重要程度	监察方式	发现问题	备注
3	"三措两案"	3.3 培训	（3）施工方、监理方、业主方应组织新增作业人员在入厂（场）前进行高风险作业"三措两案"学习与培训，合格后方可入厂（场）施工，并保存培训记录资料	[3] 第十五条	★★	资料查阅 人员考问		
4	应急管理	4.1 应急措施布置	根据专项高风险作业应急预案要求，在作业现场设置紧急疏散、逃生通道并保持畅通，安装明显标志	[1] 第三十九条	★★	资料查阅 现场检查		
		4.2 应急预案培训	施工方、监理方、业主方应组织全体作业人员，开展专项高风险作业应急预案的学习与培训，并保存培训记录资料	[2] 第十五条；[7] 6.9.1	★★	资料查阅		
		4.3 应急演练评价	（1）施工方应组织全体作业人员，进行专项高风险作业应急预案的演练；监理方、业主方应参与并监督演练全过程	[8] 5.6.1.4	★★	资料查阅		
			（2）施工方、监理方、业主方应对专项高风险作业应急预案演练情况进行评价，并对演练中发现的问题进行整改	[8] 5.6.1.4	★★	资料查阅		

十一、发电企业高风险作业管理安全监察表

（续）

序号	监察要素		监察内容	监察依据	重要程度	监察方式	发现问题	备注
5	开工许可	5.1 安全协议	两个及以上生产经营单位在同一作业区域内进行高风险作业，应当签订安全生产管理协议，并报企业项目主管部门（监理）审核与备案	[1]第四十五条	★★★	资料查阅		
		5.2 作业许可	项目开工前，应完成项目施工合同及安全管理协议签订、施工方及作业人员相应资质审查、入厂三级安全教育、风险评估、应急预案编制和演练，开工所需机械设备工器具材料齐全并完成进场，方可开工	[4]第八条	★★	资料查阅		
		5.3 开工交底	（1）业主方项目管理部门应组织施工方、监理方进行安全技术交底，交底人和被交底人应签字确认	[3]第十五条	★★★	资料查阅 现场检查		
			（2）施工方、监理方应组织全体作业人员进行专项安全技术交底工作，交底人和被交底人应签字确认		★★★	资料查阅 现场检查		
6	安全措施	6.1 现场布置	（1）工作负责人每次（天）开工前，应依据高风险作业"三措两案"的要求，做好安全防护设施、工器具、安全措施的检查等工作		★★	资料查阅 现场检查		

(续)

序号	监察要素		监察内容	监察依据	重要程度	监察方式	发现问题	备注
6	安全措施	6.1 现场布置	（2）高风险作业项目开工前应根据影响范围对作业区域进行有效隔离，并设有明显的安全警示标志	[1]第三十二条	★	现场检查		
			（3）施工现场应依据应依据高风险作业"三措两案"的要求，配置齐全劳动防护设施、设备，配备消防设施和灭火器材	[1]第四十二条；[6] 12.3.2	★	资料查阅现场检查		
		6.2 设备工器具管理	（1）施工方、监理方、业主方应对施工现场的安全、电动、起重、气动、液压等工器具进行全过程管控，并保留检查记录	[5] 7.1.2	★★★	资料查阅现场检查		
			（2）施工方、监理方、业主方应对施工现场的工程机械、特种机械设备（车辆）等机械设备进行全过程管控，并保留检查记录		★★	资料查阅现场检查		
		6.3 视频监控	（1）视频监控装置能够全覆盖作业现场，无监控死角		★	现场检查		
			（2）施工期间安全视频监控系统应24小时开机，实现全程监控		★	现场检查		

十一、发电企业高风险作业管理安全监察表

（续）

序号	监察要素		监察内容	监察依据	重要程度	监察方式	发现问题	备注
6	安全措施	6.3 视频监控	（3）高风险作业项目视频监控系统运行维护、视频监控系统视频数据备份保存工作		★	现场检查		
7	作业管控	7.1 安全交底	（1）作业负责人每次（天）开工前应结合当天工作内容和任务风险，依据专项作业的"三措两案"要求进行安全技术交底	[9]第七十四条	★★	资料查阅 现场检查		
			（2）作业人员完成"员工人身安全风险分析预控本"填写，工作负责人完成"工作日志"或班前（后）会议记录	[10] 5.2.5.1	★★	资料查阅 现场检查		
		7.2 安全检查	施工方、监理方、业主方均应选派满足现场安全管理要求的安全专责人员进行全过程监督，安全专责人员的数量应满足现场安全监督需要，检查情况应签字确认	[3]第十六条	★	资料查阅		
		7.3 安全见证点	相关人员根据施工方案中的安全见证点进行有效监督，并现场签字确认	[3]第十八条	★★	资料查阅		
		7.4 旁站监理	（1）项目主管部门应按排人员对高风险作业现场进行监护	[3]第十八条	★★	资料查阅		

（续）

序号	监察要素		监察内容	监察依据	重要程度	监察方式	发现问题	备注
7	作业管控	7.4 旁站监理	（2）监理单位应当结合高风险作业的"三措两案"或项目监理大纲、实施细则，对作业现场进行全过程旁站监理并填写旁站监理记录表	[3]第十八条	★★	资料查阅		
			（3）监理单位发现施工单位未按照专项施工方案施工时，应当要求其进行整改；情节严重的，应当要求其暂停施工，并及时报告	[3]第十九条	★	资料查阅		
8	人员管控	8.1 资格检查	严格审核高风险作业项目涉及的特种作业人员资质，并监督持证上岗	[1]第二十七条	★★★	资料查阅 现场检查		
		8.2 违章考核	（1）对高风险作业项目施工中检查发现的违章，应及时通报并考核	[10] 5.4.2.6	★★	资料查阅		
			（2）对于重复违章人员应根据合同（安全生产管理协议）约定进行处理		★★	资料查阅 现场检查		
9	竣工验收资料管理	9.1 作业竣工验收	（1）施工单位、监理单位应在高风险作业完成后，组织相关人员进行验收检查	[3]第二十一条	★	资料查阅		
			（2）项目管理部门组织相关人员完成竣工验收检查的相关工作		★	资料查阅		

十一、发电企业高风险作业管理安全监察表

（续）

序号	监察要素		监察内容	监察依据	重要程度	监察方式	发现问题	备注
9	竣工验收资料管理	9.2 作业资料档案	高风险作业项目的"三措两案"、评估会议记录、工作票、安全技术培训交底记录、作业人员证件、监理方相关资料应及时收集、留存和归档管理	［3］第二十四条	★	资料查阅		

企业监察总体概况：

1. 基本情况
2. 存在的主要问题
3. 整改要求及建议

监察负责人签名		企业负责人签名	

说明：

一、监察方式

资料查阅（包括文件、记录、台账等）、现场检查、人员考问等。

二、监察依据

［1］《中华人民共和国安全生产法》（中华人民共和国主席令 第十三号）。

［2］《生产安全事故应急条例》（中华人民共和国国务院令 第708号）。

［3］《危险性较大的分部分项工程安全管理规定》（住房和城乡建设部令 第37号）。

［4］《化工（危险化学品）企业保障生产安全十条规定》（国家安全生产监督管理总局令 第64号）。

［5］《工程建设施工企业质量管理规范》（GB/T 50430—2017）。

[6]《建设工程项目管理规范》(GB/T 50326—2017)。

[7]《生产经营单位生产安全事故应急预案编制导则》(GB/T 29639—2013)。

[8]《企业安全生产标准化基本规范》(GB/T 33000—2016)。

[9]《火力发电企业工作票管理规定(试行)》(国家能源办〔2019〕258号 国家能源投资集团有限责任公司)。

[10]《火电企业安全生产标准化基本规范(试行)》(国家能源办〔2019〕300号 国家能源投资集团有限责任公司)。

十二、发电企业脚手架管理安全监察表

序号	监察要素		监察内容	监察依据	重要程度	监察方式	发现问题	备注
1	管理制度	制度建设	企业制定的脚手架管理制度至少包括：管理职责、风险分析、方案编制审批、脚手架材料、作业人员、搭设验收、使用与检查、存档等		★★★	资料查阅		
2	风险分析	2.1 带电区域	（1）脚手架与架空输电线路的安全距离及脚手架的接地、防雷措施，应符合《施工现场临时用电安全技术规范》（JGJ 46—2005）的要求	[3] 11.2.10； [6] 4.1.2, 5.4.2； [7] 4.8.1.27	★	资料查阅 现场检查		
			（2）脚手架最高点在施工现场避雷设施保护范围以外时，20 m 及以上钢管脚手架应安装避雷装置	[7] 4.5.6	★	资料查阅 现场检查		
		2.2 重点防火区域	油库、氨站、氢站、发电机底部等易燃易爆场所应采用非金属脚手架材料；升压站、主变等强电感场所及高压带电区应采用绝缘脚手架材料		★	资料查阅 现场检查		

(续)

序号	监察要素		监察内容	监察依据	重要程度	监察方式	发现问题	备注
2	风险分析	2.3 恶劣天气	雷雨天气、6级及以上强风天气应停止架上作业；雨、雪、雾天气应停止脚手架的搭设及拆除作业；雨、雪、霜后上架作业应采取有效的防滑措施，并应清除积雪	[3] 11.2.3；[5] 9.0.8	★★★	资料查阅 现场检查		
		2.4 人员出入	搭拆脚手架时，地面应设围栏和警戒标志，并设专人看守，严禁非操作人员入内	[3] 11.2.9；[5] 9.0.19	★★★	资料查阅 现场检查		
3	搭拆方案	3.1 方案编制基本要求	（1）高度24 m以下脚手架工程，安装、项目检修、工程技改临时施工脚手架，应由技术部门编制作业指导书或编制专项施工措施章节并入相关施工作业指导书中	[1] 第十二条	★★	资料查阅		
			（2）搭设高度24 m及以上的落地式钢管脚手架工程、悬挑式脚手架工程、异型脚手架工程、高处作业吊篮，应编制专项施工方案	[2] 第一条	★★	资料查阅		
			（3）搭设高度50 m及以上落地式钢管脚手架工程、提升高度在150 m及以上的附着式升降脚手架工程或附着式升降操作平台工程、分段架体搭设高度20 m及以上的悬挑式		★★★	资料查阅		

十二、发电企业脚手架管理安全监察表

(续)

序号	监察要素		监察内容	监察依据	重要程度	监察方式	发现问题	备注
3	搭拆方案	3.1 方案编制基本要求	脚手架工程，应编写专项施工方案，该专项施工方案必须经过不少于 5 名专家论证。（专家选自设区的市级以上地方人民政府住房和城乡建设主管部门建立的专家库）	[2] 第一条	★★★	资料查阅		
		3.2 专项方案	（1）脚手架设计计算，包括纵横向水平杆计算、立杆稳定性计算、连墙件计算、立杆地基承载力计算	第二条	★	资料查阅		
			（2）材料规格、接头方法、杆件间距及连墙件、剪刀撑的设置要求等		★★	资料查阅		
			（3）绘制平面布置图、立面图、剖面图、节点大样图等施工详图		★★	资料查阅		
			（4）脚手架搭设、拆除、检查和验收等要求		★	资料查阅		
			（5）搭设、拆除的风险分析与预控措施		★	资料查阅		
			（6）安全文明技术措施和消防措施		★	资料查阅		
			（7）应急预案等		★	资料查阅		

（续）

序号	监察要素		监察内容	监察依据	重要程度	监察方式	发现问题	备注
3	搭拆方案	3.3 审批备案	（1）专项施工方案应由施工单位技术负责人审核签字、加盖施工单位公章	[1] 第十一条，第十二条	★★	资料查阅		
			（2）对于超过一定规模的危大工程，施工单位应当组织召开专家论证会对专项施工方案进行论证。专家论证会后，应当形成论证报告，对专项施工方案提出通过、修改后通过或者不通过的一致意见。专家对论证报告负责并签字确认	[2] 第三条，第四条，第五条	★★★	资料查阅		
			（3）脚手架专项施工方案或作业指导书，应经生产技术部门审批，并分别在生产技术部门和安全管理部门备案		★	资料查阅		
4	材料设施	4.1 材料检测备案	（1）新入厂用的脚手架钢管、扣件、脚手板等构配件，无论新旧，均应在报审产品合格证和现场外观及尺寸检查的基础上，经现场见证取样，送第三方具备法定检测资质的检测单位进行几何尺寸和材料性能检测	[5] 8.1.4	★	资料查阅		
			（2）检测报告报生产技术管理部门（监理单位）备案后方可使用；检测不合格的禁止使用，清退出场		★	资料查阅		

十二、发电企业脚手架管理安全监察表

（续）

序号	监察要素		监察内容	监察依据	重要程度	监察方式	发现问题	备注
4	材料设施	4.2 材料配件检查	（1）企业每年进行一次脚手架材料外观检查，并记录	[3] 4.0.14	★★	资料查阅 现场检查		
			（2）脚手架钢管尺寸应为 $\phi 48.3$ mm× 3.6 mm，宜采用镀锌钢管，非镀锌钢管表面应涂有防锈漆。脚手架钢管表面应平直光滑、壁厚均匀，不应有严重锈蚀、弯曲、裂纹、局部损坏等现象，严禁使用有打孔、洞的钢管	[5] 3.1	★	资料查阅 现场检查		
			（3）扣件在螺栓拧紧扭力矩达到 65 N·m 时，不得发生破坏。扣件在使用前应逐个挑选，有裂缝、变形和螺栓出现滑丝的严禁使用	[5] 3.2	★	资料查阅 现场检查		
			（4）脚手板材质宜采用冲压钢脚手板，板面应有防滑孔，凡有裂纹、扭曲的不得使用	[5] 3.3	★	资料查阅 现场检查		
			（5）立杆垫板宜采用木垫板，长度不小于 2 跨、宽度为 20 cm、厚度不小于 5 cm	[5] 7.3.3	★	资料查阅 现场检查		

(续)

序号	监察要素		监察内容	监察依据	重要程度	监察方式	发现问题	备注
5	作业人员	5.1 持证上岗	（1）脚手架安装与拆除人员必须是经过国家机关考核合格的专业架子工，架子工应持证上岗	[3] 11.1.3；[5] 9.0.1	★★★	资料查阅 现场检查 人员考问		
			（2）特种作业人员在现场操作时，应随身携带特种作业资格证（复印件、证件照片等）	[8] 2.3.1	★	现场检查		
		5.2 体检合格	经县级以上医疗机构体检健康合格者方可上架作业；凡患有精神病、癫痫病及经医师鉴定患有高血压、心脏病等不适于高处作业者，不得上脚手架操作	[4] 15.1.2	★	资料查阅 现场检查		
		5.3 安全防护	搭拆脚手架人员必须戴安全帽、系双钩安全带、穿防滑鞋	[5] 第9.0.2条	★★★	现场检查		
		5.4 安全交底	（1）脚手架搭拆前，工程技术人员应对所有作业人员进行安全技术交底，并在交底记录上签字，按照施工方案进行工作	[5] 7.1.1	★★★	资料查阅 现场检查		
			（2）抽查现场作业人员对交底内容的掌握程度		★★	人员考问		

十二、发电企业脚手架管理安全监察表

（续）

序号	监察要素		监察内容	监察依据	重要程度	监察方式	发现问题	备注
6	脚手架搭设	6.1 地基处理	（1）脚手架的搭设场地应平整、坚实；场地排水应畅通，不应有积水	[3] 9.0.3	★	现场检查		
			（2）立杆垫板或底座底面标高宜高出自然地坪 5~10 cm	[5] 7.2.3	★	现场检查		
			（3）脚手架基础经验收合格后，应按照方案的要求放线定位	[5] 7.2.4	★	现场检查		
			（4）垫板应采用长度不小于 2 跨、厚度不小于 5 cm、宽度不小于 20 cm 的木垫板。槽钢垫板应当仰铺	[5] 7.3.3	★	现场检查		
		6.2 抛撑	（1）当脚手架下部暂不能设置连墙件时，应采取防倾覆措施。当搭设抛撑时，抛撑与地面倾角应在 45°~60°。连接点中心至主节点的距离应不大于 30 cm	[5] 6.4.7	★	现场检查		
			（2）脚手架开始搭设立杆时，每隔 6 跨设置一根抛撑	[5] 7.3.4.2	★	现场检查		
		6.3 连墙件	（1）50 m 以下的双排落地脚手架连墙件布置的最大间距为 3 步 3 跨	[5] 6.4.2	★	现场检查		

(续)

序号	监察要素		监察内容	监察依据	重要程度	监察方式	发现问题	备注
6	脚手架搭设	6.3 连墙件	（2）连墙件应从底层第一步纵向水平杆处开始设置，并应靠近主节点，偏离主节点的距离不应大于30 cm	[5] 6.4.3	★	现场检查		
			（3）开口型脚手架的两端必须设置连墙件，连墙件的垂直间距不应大于建筑物的层高，且不应大于4 m	[5] 6.4.4	★	现场检查		
			（4）连墙件的安装应随脚手架同步进行，不得滞后安装。当脚手架施工操作层高出相邻连墙件以上2步时，应采取临时拉结措施确保脚手架稳定	[5] 7.3.8	★★	现场检查		
			（5）严禁将电缆桥架、管道、栏杆扶手、支吊架等作为脚手架或作业平台支承点	[7] 4.8.1.15	★★	现场检查		
			（6）当无法设置连墙件时，应采取钢丝绳张拉固定等措施	[5] 6.8.6	★★	现场检查		
		6.4 立杆	（1）脚手架立杆的间距、步距、垂直度及水平杆的水平度等符合要求，脚手架架体无歪斜、扭曲现象	[3] 9.0.4.5, A.2.2.1	★★★	现场检查		

（续）

序号	监察要素		监察内容	监察依据	重要程度	监察方式	发现问题	备注
6	脚手架搭设	6.4 立杆	（2）脚手架的立杆必须设置纵、横向扫地杆	[5] 6.3.2	★★	现场检查		
			（3）纵向扫地杆固定在距钢管底端不大于 20 cm 处的立杆上。横向扫地杆固定在紧靠纵向扫地杆下方的立杆上	[5] 6.3.2	★	现场检查		
			（4）双排脚手架立杆接长除顶层顶步外，其余各层各步必须采用对接扣件连接	[5] 6.3.5	★	现场检查		
			（5）满堂脚手架立杆接长接头必须采用对接扣件连接		★★	现场检查		
			（6）当立杆采用对接接长时，立杆的对接扣件应交错布置，两根相邻立杆的接头不应设置在同步内，同步内间隔一根立杆的两个相邻接头在同高度方向错开的距离不宜小于 50 cm，各接头中心点至主节点的距离不宜大于步距的 1/3。当立杆采用搭接接长时，搭接长度不应小于 1 m，并采用不少于 2 个旋转扣件固定，端部扣件盖板的边缘至杆端距离不应小于 10 cm	[5] 6.3.6	★	现场检查		

(续)

序号	监察要素	监察内容	监察依据	重要程度	监察方式	发现问题	备注
6	脚手架搭设	6.4 立杆	（7）吊架立杆上下端应加设保险扣件，保险扣件下端面与立杆下端面距离不应小10 cm	[7] 4.8.6.10	★★	现场检查		
			（8）脚手架立杆基础不在同一高度上时，必须将高处的纵向扫地杆向低处延长 2 跨与立杆固定；松软地基高低差不应大于 1 m，靠边坡上方的立杆轴线到边坡的距离不应小于 50 cm	[5] 6.3.3	★	现场检查		
		6.5 纵向水平杆	（1）纵向水平杆应设置在立杆内侧，单根长度不应小于 3 跨		★★	现场检查		
			（2）两根相邻纵向水平杆的接头不应在同步或同跨内；不同步或不同跨的两个相邻接头在水平方向错开的距离不应小于50 cm。各接头中心至最近主节点的距离不应大于纵距的1/3。搭接长度不应小于 1 m，应等间距设置 3 个旋转扣件固定；端部扣件盖板边缘至搭接纵向水平杆杆端的距离不应小于 10 cm	[5] 6.2.1	★	现场检查		

十二、发电企业脚手架管理安全监察表

（续）

序号	监察要素		监察内容	监察依据	重要程度	监察方式	发现问题	备注
6	脚手架搭设	6.5 纵向水平杆	（3）当使用冲压钢脚板、木脚板时，纵向水平杆应作为横向水平杆的支座，固定在立杆上	[5] 6.2.1	★	现场检查		
		6.6 横向水平杆	（1）主节点处必须设置一根横向水平杆，用直角扣件扣接，且严禁拆除	[5] 6.2.3	★★	现场检查		
			（2）双排脚手架的横向水平杆两端均应采用直角扣件固定在纵向水平杆上；作业层非主节点处的横杆，宜根据支撑脚手板的需要等间距设置，最大间距不应大于纵距的 1/2	[5] 6.2.2	★	现场检查		
			（3）双排脚手架横向水平杆的靠墙一端至墙装饰面的距离不应大于 10 cm	[5] 7.3.6	★	现场检查		
		6.7 剪刀撑	（1）高度在 24 m 以下的双排脚手架，必须在外侧两端、转角及中间间隔不超过 15 m 的立面上，各设置一道剪刀撑，并应由底至顶连续设置	[5] 6.6.3	★★	现场检查		
			（2）高度在 24 m 及以上的双排脚手架，在外侧全立面连续设置剪刀撑		★★	现场检查		

(续)

序号	监察要素		监察内容	监察依据	重要程度	监察方式	发现问题	备注
6	脚手架搭设	6.7 剪刀撑	（3）每道剪刀撑的宽度应在4~6跨，且不应小于6 m，剪刀撑斜杆与水平面的倾角应在45°~60°	[5] 6.6.2	★	现场检查		
			（4）剪刀撑斜杆的接长应采用搭接或对接		★	现场检查		
			（5）当剪刀撑采用搭接接长时，搭接长度不应小于1 m，并采用不少于2个旋转扣件固定，端部扣件盖板的边缘至杆端的距离不应小于10 cm	[5] 6.3.6	★	现场检查		
		6.8 横向斜撑	（1）高度在24 m以下的封闭型双排脚手架可不设横向斜撑		★	现场检查		
			（2）高度在24 m及以上的封闭型脚手架，除拐角应设置横向斜撑外，中间每隔6跨设置一道横向斜撑	[5] 6.6.4	★★	现场检查		
			（3）开口型双排脚手架的两端均必须设置横向斜撑		★	现场检查		

十二、发电企业脚手架管理安全监察表

（续）

序号	监察要素		监察内容	监察依据	重要程度	监察方式	发现问题	备注
6	脚手架搭设	6.8 横向斜撑	（4）脚手架的剪刀撑、横向斜撑应随立杆、水平杆同步搭设，不得滞后安装	[5] 7.3.9	★	现场检查		
		6.9 防护设施	（1）作业层脚手板应铺满、铺稳、铺实，脚手板的两端均应固定于支承杆件上	[5] 6.2.4	★★★	现场检查		
			（2）作业层脚手板与墙面的距离不应大于15 cm，端部脚手板探头长度应约15 cm	[5] 7.3.13	★★	现场检查		
			（3）上栏杆上皮高度应为1.2 m，中栏杆居中设置；挡脚板高度不小于18 cm	[5] 7.3.12	★★★	现场检查		
			（4）高空平台和吊架的下方及内外侧均应设置全兜式阻燃安全网	[7] 5.7.1.8.8, 5.7.1.9.7	★★★	现场检查		
		6.10 人行通道	（1）所有脚手架上下人行通道原则上采取斜道方式通行；对无法搭设斜道的，可采取斜梯或直梯，但必须做好防坠措施		★★	现场检查		
			（2）人行斜道宽度应不小于1 m，坡度不应大于1∶3；上料斜道宽度不应小于1.5 m，坡度不应大于1∶6	[5] 6.7.2	★	现场检查		
			（3）斜道的脚手板上每隔25~30 cm设置一根防滑木条，木条厚度应为2~3 cm	[5] 6.7.3	★	现场检查		

（续）

序号	监察要素		监察内容	监察依据	重要程度	监察方式	发现问题	备注
6	脚手架搭设	6.10 人行通道	（4）采用固定式、扣件式钢管直梯上下脚手架时，宽度宜为 40～60 cm，垂直间距宜为 30 cm	[5] 6.8.9	★★	现场检查		
			（5）直梯高度大于 3 m 时，应配备攀登自锁器或速差自控器供攀登人员使用，攀登自锁器或差速自控器的挂钩应直接钩挂在攀登人员安全带的腰环上，不得挂在安全带端头的挂钩上	[7] 4.9.1.5	★★★	现场检查		
7	脚手架验收	验收	（1）根据作业指导书或专项施工方案进行脚手架检查验收	[5] 8.2.2.2	★	资料查阅 现场检查		
			（2）脚手架必须按企业规定进行验收，并在验收表上签署验收结论，验收合格后悬挂验收牌，方可交付使用	[4] 15.2.13	★★★	资料查阅 现场检查		
8	使用检查	8.1 本体变更	（1）在工作过程中，不准随意改变脚手架的结构；必须变更时，必须经搭设脚手架的技术负责人同意，并签字确认	[4] 15.2.19	★	资料查阅 现场检查		
			（2）在脚手架使用期间，严禁拆除下列杆件：①主节点处的纵向、横向水平杆，纵向、横向扫地杆；②连墙件	[5] 9.0.13	★★★	现场检查		

十二、发电企业脚手架管理安全监察表

（续）

序号	监察要素		监察内容	监察依据	重要程度	监察方式	发现问题	备注
8	使用检查	8.2 脚手架作业	（1）当在脚手架使用过程中开挖脚手架基础附近的地基时，必须对脚手架采取加固措施	[5] 9.0.14	★	现场检查		
			（2）作业层上的施工载荷应符合设计要求，不得超载。不得将模板支架、缆风绳、泵送混凝土和砂浆的输送管等固定在架体上，严禁悬挂起重设备，严禁拆除或移动架体上的安全防护设施	[5] 9.0.5	★★★	现场检查		
			（3）脚手架上禁止乱拉电线。必须安装临时电缆线时，木竹脚手架应加绝缘子，金属管脚手架应另设木横担	[4] 15.2.18	★★	现场检查		
			（4）脚手架上使用电、气焊时，应做好防火措施，防止火星和切割物溅落引起火警	[4] 15.2.15	★★	现场检查		
		8.3 检查	脚手架应由使用部门安全管理人员每天检查一次；使用工作负责人每天上脚手架前，必须进行脚手架整体检查	[4] 15.2.12	★	资料查阅 现场检查		

(续)

序号	监察要素	监察内容	监察依据	重要程度	监察方式	发现问题	备注
9	拆除作业	（1）脚手架拆除应按作业指导书或专项方案施工	[5] 7.4.1	★★	资料查阅 现场检查		
		（2）脚手架拆除作业必须由上而下逐层进行，严禁上下同时作业，卸料时严禁将各构配件抛掷至地面	[5] 7.4.5	★★★	现场检查		
		（3）连墙件必须随脚手架逐层拆除，严禁先将连墙件整层或数层拆除后再拆脚手架，分段拆除高差大于2步时，应增设连墙件加固	[5] 7.4.2	★★	现场检查		
10	资料存档	（1）脚手架材质检测报告	[1] 第二十四条	★	资料查阅		
		（2）脚手架作业指导书、施工方案、专家论证方案		★	资料查阅		
		（3）架子工资质报审档案		★	资料查阅		
		（4）脚手架搭设前的安全技术交底		★	资料查阅		
		（5）脚手架验收、检查记录等		★	资料查阅		

十二、发电企业脚手架管理安全监察表

（续）

序号	监察要素	监察内容	监察依据	重要程度	监察方式	发现问题	备注
企业监察总体概况： 1. 基本情况 2. 存在的主要问题 3. 整改要求及建议							
监察负责人签名			企业负责人签名				

说明：

一、监察方式

资料查阅（包括文件、记录、台账等）、现场检查、人员考问等。

二、监察依据

［1］《危险性较大的分部分项工程安全管理规定》（住房和城乡建设部令 第37号）。

［2］《关于实施〈危险性较大的分部分项工程安全管理规定〉有关问题的通知》（建办质〔2018〕31号）。

［3］《建筑施工脚手架安全技术统一标准》（GB 51210—2016）。

［4］《电业安全工作规程 第1部分：热力和机械》（GB 26164.1—2010）。

［5］《建筑施工扣件式钢管脚手架安全技术规范》（JGJ 130—2011）。

［6］《施工现场临时用电安全技术规范》（JGJ 46—2005）。

［7］《电力建设安全工作规程 第1部分：火力发电》（DL 5009.1—2014）。

［8］火电厂现场安全文明生产标准化验评实施细则。

十三、发电企业有限空间作业管理安全监察表

序号	监察要素		监察内容	监察依据	重要程度	监察方式	发现问题	备注
1	制度建设	制度规程	制定有限空间作业管理制度,至少包括安全责任制、审批制度、现场安全管理制度、安全培训教育制度、应急管理制度、安全操作规程6项内容	[1]第五条	★★★	资料查阅		
2	风险辨识	2.1 危险源辨识	结合现场实际,辨识危险有害因素,并公布危险有害因素清单	[1]第七条	★★★	资料查阅		
		2.2 台账清单	建立台账,涵盖现场所有有限空间,并及时更新发布	[1]第七条	★	资料查阅		
3	教育培训	培训内容	培训内容至少包含有限空间危险有害因素、安全防范措施、安全操作规程、检测仪器、劳动防护用品使用、应急处置措施等	[1]第六条	★	资料查阅		
4	方案审批		(1)制定作业方案,构成高风险的作业项目制定"三措一案"	[1]第八条	★	资料查阅		
			(2)作业方案或"三措一案"按流程进行审批		★★★	资料查阅		

十三、发电企业有限空间作业管理安全监察表

（续）

序号	监察要素		监察内容	监察依据	重要程度	监察方式	发现问题	备注
5	作业管控	5.1 安全职责	（1）明确现场负责人、监护人员、作业人员及其安全职责	[1] 第九条	★	资料查阅		
			（2）工作人员熟悉各自安全职责		★★★	人员考问		
		5.2 安全交底	（1）根据危险有害因素可能产生的后果，制定应急处置措施	[1] 第十条	★	资料查阅		
			（2）危险有害因素、防控措施、应急处置措施告知全体工作人员		★★★	资料查阅		
			（3）工作人员熟悉危险有害因素、防控措施、应急处置措施		★★★	人员考问		
		5.3 作业方案"三措一案"	（1）有限空间操作票应符合要求		★	资料查阅		
			（2）严格遵守"先通风、再检测、后作业"原则；作业监护设置符合要求	[1] 第十二条，第十九条	★	资料查阅 现场检查		
			（3）照明和临时用电符合要求	[1] 第十七条	★★★	现场检查		
			（4）有限空间出入口畅通；设置明显的安全警示标志；存在交叉作业时，采取避免互相伤害的措施	[1] 第十九条	★★★	现场检查		

（续）

序号	监察要素		监察内容	监察依据	重要程度	监察方式	发现问题	备注
5	作业管控	5.3 作业方案"三措一案"	（5）检测仪器在有效期内，处于正常工作状态	[5] 4.5.2；[6] 5.3.1	★	现场检查		
			（6）有可靠的通信联络工具	[1] 第十九条	★★★	现场检查		
			（7）隔离、断电、清洗、清空或者置换等安全技术措施执行到位	[1] 第十一条，第十九条；[5] 4.3	★	现场检查		
			（8）禁止采用纯氧通风换气	[1] 第十五条	★	现场检查		
			（9）检测人员采取相应的安全防护措施	[1] 第十三条	★★	现场检查		
			（10）测量的数据符合要求，在作业前30 min进行检测，工作过程中应定时检测或者连续监测	[1] 第十二条	★★	资料查阅 现场检查		
			（11）中断超过30 min的作业，重新通风、检测，合格后方可继续工作	[1] 第十六条	★★★	资料查阅 现场检查		
			（12）规范出入管理，工作人员和工器具进出登记数量一致	[1] 第十九条	★★★	资料查阅 现场检查		

十三、发电企业有限空间作业管理安全监察表

（续）

序号	监察要素		监察内容	监察依据	重要程度	监察方式	发现问题	备注
5	作业管控	5.3 作业方案"三措一案"	（13）工作需要暂停时，在有限空间出入口设置临时封闭措施	[2] 10.5.4	★	现场检查		
			（14）工作结束后，做到"工完、料净、场地清"，确保无人员、工器具和材料遗漏	[1] 第二十条	★	现场检查		
6	典型作业	6.1 内部涂刷	（1）使用的照明及工器具符合防火防爆要求	[1] 第十七条；[2] 3.6.6.1	★★★	现场检查		
			（2）容器、槽箱内的工作，监护人员配置符合要求	[2] 11.3.6	★★★	现场检查		
			（3）对可燃气体进行定时检测或连续监测	[1] 第十三条，第十四条	★★	资料查阅 现场检查		
			（4）容器内衬胶、涂漆、刷环氧玻璃钢作业时，进行强力通风	[2] 11.3.8	★★★	现场检查		
			（5）作业区设置安全警示牌并布置警戒线，严禁未经允许进入作业场地	[4] 2.8.5	★★	现场检查		
			（6）工作人员熟悉应急逃生措施	[1] 第六条	★★★	人员考问		
			（7）配备泡沫灭火器和干砂等消防工具，严禁明火	[2] 11.3.8	★★★	现场检查		

（续）

序号	监察要素		监察内容	监察依据	重要程度	监察方式	发现问题	备注
6	典型作业	6.2 容器内焊接	（1）使用的照明及工器具符合防火防爆要求	[1]第十七条；[2] 3.6.6.1	★★★	现场检查		
			（2）容器、槽箱内的工作，监护人员配置符合要求	[2] 11.3.6	★★★	现场检查		
			（3）对可燃气体进行定时检测或连续监测	[1]第十三条，第十四条	★★	资料查阅 现场检查		
			（4）工作人员熟悉应急逃生措施	[1]第六条	★★★	人员考问		
			（5）进行焊接工作时，采取有效的防触电安全措施	[2] 14.1.14	★★★	现场检查		
			（6）在密闭容器内，不准同时存在电焊及气焊工作	[2] 14.1.15	★★	现场检查		
		6.3 井沟池室等	（1）作业得到相关管理部门审核批准	[2] 10.5.1	★	资料查阅 现场检查		
			（2）使用的照明及工器具符合防火防爆要求	[1]第十七条；[2] 3.6.6.1	★★★	现场检查		
			（3）监护人员配置符合要求	[2] 11.3.6	★★★	现场检查		

十三、发电企业有限空间作业管理安全监察表

（续）

序号	监察要素		监察内容	监察依据	重要程度	监察方式	发现问题	备注
6	典型作业	6.3 井沟池室等	（4）对可燃气体进行定时检测或连续监测	[1]第十三条，第十四条	★★	资料查阅 现场检查		
			（5）现场进行通风排气	[3] 15.1.4	★★	现场检查		
			（6）设置护栏和警示标志，严禁未经允许进入作业场地	[2] 10.5.4；[4] 2.8.5	★★★	现场检查		
			（7）工作人员应系好安全带和安全绳，安全绳的一端握在监护人手中	[2] 10.5.4	★★★	现场检查		
			（8）工作人员熟悉应急逃生措施	[1]第六条	★★★	人员考问		
			（9）工作需要暂停时，将沟道、井坑、孔洞的盖板和安全设施恢复，在其周围设置临时围栏并装设照明等显著标志	[2] 10.5.4	★★	现场检查		
		6.4 脱硫塔和湿式除尘器	（1）动火作业严格执行动火工作票制度	[4]第2.8.2条	★★	资料查阅 现场检查		
			（2）现场配备足量的灭火器；防腐施工面积在 10 m² 以上时，接引消防水带，消防水随时可用	[4]第2.8.4条	★★★	现场检查		

（续）

序号	监察要素		监察内容	监察依据	重要程度	监察方式	发现问题	备注
6	典型作业	6.4 脱硫塔和湿式除尘器	（3）作业区 5 m 范围设置安全警示牌并布置警戒线，设置专职安全人员现场监督，未经允许不得进入作业场地	[4] 2.8.5	★★	资料查阅 现场检查		
			（4）对可燃气体进行定时检测或连续监测	[1] 第十三条，第十四条	★★★	资料查阅 现场检查		
			（5）使用的照明及工器具符合防火防爆要求	[1] 第十七条；[2] 3.6.6.1	★★★	现场检查		
			（6）监护人员配置符合要求	[2] 11.3.6	★★★	现场检查		
			（7）防腐施工时，至少留有 2 个以上出入孔，并保持通道畅通；设置 2 台防爆型排风机进行强制通风；作业人员佩戴防毒面具	[4] 2.8.6	★★★	现场检查		
			（8）作业人员着装符合规定	[4] 2.8.3	★★	现场检查		
			（9）严禁携带火种进入现场	[4] 2.8.3	★★★	现场检查		
			（10）工作人员熟悉应急逃生措施	[1] 第六条	★★★	人员考问		

十三、发电企业有限空间作业管理安全监察表

（续）

序号	监察要素		监察内容	监察依据	重要程度	监察方式	发现问题	备注
6	典型作业	6.4 脱硫塔和湿式除尘器	（11）脱硫塔安装时，应有完整的施工方案和消防方案，施工人员需接受过专业培训，了解材料的特性，掌握消防灭火技能；施工场所的电线、电动机、配电设备符合防火防爆要求；避免脱硫塔安装和防腐工程同时施工的情况	[4] 2.8.7	★★★	资料查阅 现场检查		
7	个体防护	防护用品	（1）根据危险有害因素配备符合国家或行业标准的劳动防护用品	[1] 第十八条	★	资料查阅 现场检查		
			（2）开展劳动防护用品的使用培训，作业人员能正确佩戴和使用	[1] 第十八条；[5] 4.6；[6] 4.2.4~4.2.6	★	资料查阅 人员考问		
8	应急管理	8.1 应急预案	（1）制定应急预案	[1] 第二十一条	★	资料查阅		
			（2）开展应急预案培训		★	资料查阅		
			（3）定期开展应急演练		★★	资料查阅		
			（4）工作人员熟悉应急预案相关内容		★★★	人员考问		
		8.2 应急装备	（1）配备应急装备和器材，建立管理台账	[1] 第二十一条	★	资料查阅		
			（2）开展应急装备和器材使用培训，作业人员能正确使用		★	资料查阅 人员考问		

(续)

序号	监察要素	监察内容	监察依据	重要程度	监察方式	发现问题	备注
企业监察总体概况：							
1. 基本情况							
2. 存在的主要问题							
3. 整改要求及建议							
监察负责人签名			企业负责人签名			

说明：

一、监察方式

资料查阅（包括文件、记录、台账等）、现场检查、人员考问等。

二、监察依据

[1]《工贸企业有限空间作业安全管理与监督暂行规定》（国家安全生产监督管理总局令 第 59 号）。

[2]《电业安全工作规程 第 1 部分：热力和机械》（GB 26164.1—2020）。

[3]《电力安全工作规程 发电厂和变电站电气部分》（GB 26860—2011）。

[4]《防止电力生产事故的二十五项重点要求》（国能安全〔2014〕161 号）。

[5]《化学品生产单位受限空间作业安全规范》（AQ 3028—2008）。

[6]《涂装作业安全规程有限空间作业安全技术要求》（GB 12942—2006）。

十四、发电企业煤场区域管理安全监察表

序号	监察要素		监察内容	监察依据	重要程度	监察方式	发现问题	备注
1	制度建设	1.1 制度	（1）燃料接卸、加仓管理、煤场管理及考核奖惩等制度齐全，并经审核发布	[1] 第十九条；[11] 5.1.2.4	★★★	资料查阅		
			（2）管理制度宣贯、培训、监督落实及定期修订完善情况	[11] 5.8.2	★	资料查阅		
		1.2 规程	（1）运行规程、检修规程及系统图册等有效传递到相关岗位	[11] 5.2.1	★	资料查阅		
			（2）输煤设备检修文件包、检修工艺卡等作业标准编制情况	[11] 5.2.3,5.2.4	★	资料查阅		
2	煤场	2.1 设备	（1）储煤场内照明、排水沟、消防设备及消防通道情况	[7] 5.3.1	★	现场检查		
			（2）储煤场不得超设计能力存储。煤堆底部与靠近煤堆的铁轨、非承重挡风墙、干煤棚、立柱支架等之间至少应有1.5 m的距离	[7] 5.3.2	★	现场检查		

(续)

序号	监察要素		监察内容	监察依据	重要程度	监察方式	发现问题	备注
2	煤场	2.1 设备	（3）上煤坡道不准超过 35°，作业煤车周边不准有人员通过或停留	[7] 5.3.11	★	现场检查		
			（4）取煤作业时，斗轮机与推煤机配合安全作业距离不小于 3 m	[11] 5.3.2.2	★	资料查阅		
			（5）煤堆底边缘距煤场边留出宽度不小于 4 m 消防通道		★	资料查阅		
			（6）煤场地下禁止敷设电缆、蒸汽及易燃可燃介质管道	[9] 8.1.4	★	资料查阅 现场检查		
		2.2 运行	（1）原煤应分类、成型堆放，烧旧存新。长期堆放的原煤应按规定分层压实	[9] 8.1.5	★	现场检查		
			（2）煤堆边坡不宜超过 60°，对已经形成的陡坡，在未消除隐患前，禁止人员和车辆从上部或下部靠近陡坡	[7] 5.3.6	★	现场检查		
			（3）煤场机械作业时不得进行除杂工作；清出的杂物应集中堆放在指定地点，定期清理	[11] 5.3.2.2	★	资料查阅		

十四、发电企业煤场区域管理安全监察表

（续）

序号	监察要素		监察内容	监察依据	重要程度	监察方式	发现问题	备注
2	煤场	2.3 测温	（1）按规定开展煤场测温工作。测温点间距15~20m，测温点深0.5~1.5 m，重点监测距煤堆底部0.5~2 m范围内各部位	[11] 5.3.2.2	★	资料查阅		
			（2）罐型煤场重点监测罐壁侧煤堆温度		★	资料查阅		
			（3）发现积煤自燃时，应及时采取措施灭火，不得将已燃存煤上至皮带	[7] 5.3.13	★	资料查阅 现场检查		
		2.4 检修	（1）全面开展危险源辨识、风险评估工作		★★★	资料查阅 现场检查		
			（2）制定有针对性的防止机械凭空、高空坠落和防火防爆的安全措施		★★★	资料查阅 现场检查		
			（3）作业人员持证上岗，安全工器具合格		★★★	资料查阅 现场检查		
			（4）作业过程中全程监护及安全措施落实情况		★★★	资料查阅 现场检查		
3	斗轮机	3.1 设备	（1）司机室与运煤系统集中控制室之间应有通信和信号联系	[13] 3.7.1.2.4.1	★★	资料查阅 现场检查		

（续）

序号	监察要素	监察内容	监察依据	重要程度	监察方式	发现问题	备注
3	3.1 设备	（2）斗轮转动、大车行走，防风闭锁和夹轨器应可靠投入	[13] 3.7.1.2.4.1	★★	资料查阅 现场检查		
		（3）所有机械及电气连锁应正常，声、光信号和报警装置可靠		★★	资料查阅 现场检查		
		（4）轮斗、悬壁皮带和回转平台等各转动部分完成封闭	[7] 5.5.1	★★★	现场检查		
斗轮机		（5）堆取料机轨道外侧应有宽度不小于1.50 m的通道		★★	现场检查		
		（6）将动力电缆和控制电缆地面接线箱置于轨道内侧以避免被坍塌的煤堆埋没		★★	现场检查		
	3.2 运行	（1）取料厚度不宜超过轮斗直径的2/3，以防止煤堆塌方埋住斗轮	[10] 第十三条（三）	★	资料查阅		
		（2）斗轮机与推煤机混合作业时应保持3 m以上的安全距离		★	资料查阅		
		（3）斗轮机作业满足安全限制条件要求		★	资料查阅		

十四、发电企业煤场区域管理安全监察表

（续）

序号	监察要素		监察内容	监察依据	重要程度	监察方式	发现问题	备注
3	斗轮机	3.3 检修	（1）机构平台栏杆、制动器、夹轨器等防风设施、安全设施进行定期检查维护，确保设备运行安全	[7] 5.1.4	★★	资料查阅 现场检查		
			（2）全面开展危险源辨识、风险评估工作		★★★	资料查阅 现场检查		
			（3）制定有针对性的防止机械凭空、高空坠落和防火防爆的安全措施		★★★	资料查阅 现场检查		
			（4）作业人员持证上岗，安全工器具合格		★★★	资料查阅 现场检查		
			（5）作业过程中全程监护及安全措施落实情况		★★★	资料查阅 现场检查		
4	车辆	4.1 推煤机	（1）作业过程中安排人员现场全程监护，防止其他人员进入推煤机作业范围发生车辆伤人	[10] 第十三条（三）	★	资料查阅		
			（2）推煤机上下煤堆时，上煤坡道不准超过35°		★	资料查阅 现场考问		
			（3）煤堆平整和压实作业，顶部宽度不宜小于6m，推煤机距煤堆边缘距离不小于1.0 m		★	资料查阅 现场考问		

191

（续）

序号	监察要素		监察内容	监察依据	重要程度	监察方式	发现问题	备注
4	车辆	4.1 推煤机	（4）堆取煤作业应保持煤堆有一定的边坡，不宜超过60°	[10]第十三条（三）	★	资料查阅 现场考问		
		4.2 装载机	（1）作业过程中安排人员现场全程监护，防止其他人员进入装载机作业范围发生车辆伤人	[10]第十三条（一）	★★	现场检查		
			（2）装载机不得出现在煤堆顶部违规作业情况		★★	现场检查		
			（3）装载机作业不得出现急转弯、超速行驶等违规情况		★★	现场检查		
		4.3 挖掘机	（1）作业过程中安排人员现场全程监护，防止其他人员进入挖掘机回转范围发生车辆伤人	[10]第十二条（六）	★★	资料查阅		
			（2）挖掘机更换工作地点后，在开始作业前缓慢回转一圈，确保作业时不会碰到挡煤墙或其他设备		★★	资料查阅		
			（3）挖掘机在处理煤场高温煤时，应在作业点上风位置作业，避免煤堆高温产生的有害气体影响挖掘机作业		★★	资料查阅		

十四、发电企业煤场区域管理安全监察表

（续）

序号	监察要素		监察内容	监察依据	重要程度	监察方式	发现问题	备注
5	码头及卸船机	5.1 卸船机	（1）作业过程中安排人员现场全程监护	[13] 3.7.1.4	★★	现场检查		
			（2）设备护栏、步道栏杆，安全保护装置齐全、可靠，电梯工作正常并定期检验		★★	现场检查		
			（3）卸船机轨道接地良好，大、小车轨道不得出现下沉、错位		★★	现场检查		
			（4）防风措施落实、可靠；夹轨器、大风闭锁按规定投入		★★	现场检查		
			（5）起升、变幅、回转、行走不得存在严重威胁安全的缺陷		★★	现场检查		
		5.2 码头	（1）码头护舷构件完整，无裂痕及脱焊，上下引桥栏杆齐全	[13] 3.7.1.3	★★	现场检查		
			（2）码头高架廊道及廊拴无明显损坏，廊拴无裂纹		★★	现场检查		
			（3）码头水、电救生、消防设施齐全，无缺陷，能保证正常使用		★★	现场检查		

（续）

序号	监察要素		监察内容	监察依据	重要程度	监察方式	发现问题	备注
6	输煤系统	6.1 皮带	（1）现场滚筒、皮带等各转动部分刚性封闭，警示标志设置明显	[7] 5.5.1	★★	资料查阅 现场检查		
			（2）皮带两侧防护栏齐全完好，高度符合要求		★★★	现场检查		
			（3）建立定期清扫、检查、管理制度。皮带、电缆桥架、头尾部滚筒、电气盘柜等无积煤、积粉	[13] 3.7.1.1	★★★	现场检查		
			（4）照明、广播呼叫及工业监视系统投运正常		★★★	现场检查		
		6.2 筒仓	筒仓测温装置、烟气报警装置、灭火装置、顶部安全防爆装置等完好	[13] 3.7.1.2	★★★	现场检查		
7	消防	7.1 设施	（1）按实际燃用煤种及规范要求配置火灾报警和消防系统，消防系统必须经过验收和定期检验	[12] 第六条	★★	资料查阅 现场检查		
			（2）按规定配置消防器材，开展喷淋系统、消防炮、消火栓定期试验检查工作		★★	资料查阅 现场检查		

十四、发电企业煤场区域管理安全监察表

（续）

序号	监察要素		监察内容	监察依据	重要程度	监察方式	发现问题	备注
7	消防	7.2 运行	（1）消防系统水源稳定，水压力符合要求，应能保证最不利点的消防需要	[12] 第六条	★★	资料查阅 现场检查		
			（2）火灾报警系统投运正常，不得存在错报、误报情况		★★	资料查阅 现场检查		
8	应急	8.1 预案	（1）有针对性地编制煤场和皮带着火等专项应急预案和现场处置方案	[2] 第五条；[5] 三（二）1	★★★	资料查阅		
			（2）各专项应急预案由本单位主要负责人签署公布，并有效传递到有关岗位和相关应急救援队伍	[4] 第二十四条	★	资料查阅 现场检查		
		8.2 演练	制定各专项应急预案演练计划，根据风险特点，按规定开展专项应急预案及现场处置方案演练	[6] 第二十八条；[8] 6.9.2	★★	资料查阅		
		8.3 物资	按预案规定配置应急物资并建立台账清册，对应急物资、装备进行定期检测和维护，使其处于适用状态	[3] 第四条；[4] 第三十八条	★	资料查阅 现场考问		
		8.4 总结	演练结束后开展总结评估，分析存在问题，提出修订意见	[6] 第三十条	★	资料查阅 现场检查		

(续)

序号	监察要素	监察内容	监察依据	重要程度	监察方式	发现问题	备注
企业监察总体概况： 1. 基本情况 2. 存在的主要问题 3. 整改要求及建议							
监察负责人签名				企业负责人签名			

说明：

一、监察方式

资料查阅（包括文件、记录、台账等）、现场检查、人员考问。

二、监察依据

[1]《中华人民共和国安全生产法》（中华人民共和国主席令 第十三号）。

[2]《生产安全事故应急条例》（中华人民共和国国务院令 第708号）。

[3]《企业安全生产应急管理九条规定》（国家安全生产监督管理总局令 第74号）。

[4]《应急管理部关于修改〈生产安全事故应急预案管理办法〉的决定》（中华人民共和国应急管理部令 第2号）。

[5]《国家能源局关于印发〈电力行业应急能力建设行动计划（2018—2020年）〉的通知》（国能发安全〔2018〕58号）。

[6]《国家能源局关于印发〈电力企业应急预案管理办法〉的通知》（国能安全〔2014〕508号）。

[7]《电业安全工作规程 第1部分：热力和机械》（GB 26164.1—2010）。

[8]《生产经营单位生产安全事故应急预案编制导则》（GB/T 29639—2013）。

[9]《电力设备典型消防规程》（DL 5027—2015）。

［10］《国家能源集团火电产业安全生产工作暂行规定》（国家能源办〔2018〕408号）。
［11］《国家能源集团有限责任公司火电企业安全生产标准化基本规范（试行）》（国家能源办〔2019〕300号）。
［12］《关于加强输煤系统安全管理工作的通知》（国电集生〔2017〕183号）。
［13］中国国电集团火力发电企业安全性评价标准。

十五、发电企业氨区管理安全监察表

序号	监察要素		监察内容	监察依据	重要程度	监察方式	发现问题	备注
1	责任落实	1.1 责任制	明确氨区安全责任部门，配备氨区专业管理人员，落实各级各类人员安全生产责任	［12］第四十四条	★	资料查阅		
		1.2 制度规程	制定运行规程、检修规程、操作票制度、工作票制度、动火制度、巡回检查制度、出入管理制度、车辆管理制度、防护用品定期检查制度等	［12］第四十五条	★★	资料查阅		
		1.3 培训取证	（1）主要负责人应取得危险化学品主要负责人安全生产知识和管理能力考核合格证	［1］第二十四条	★★	资料查阅		
			（2）氨区安全管理人员应取得危险化学品安管人员安全生产知识和管理能力考核合格证		★★	资料查阅		
			（3）操作人员和作业人应取得合成氨工艺作业特种作业操作证	［12］第四十六条	★★	资料查阅		
			（4）年度培训计划应包含氨区管理人员、操作人员和作业人员培训	［14］二	★	资料查阅		

十五、发电企业氨区管理安全监察表

（续）

序号	监察要素		监察内容	监察依据	重要程度	监察方式	发现问题	备注
2	风险管理	2.1 风险评估	（1）企业应将风险评估结果告知相关岗位和人员	[22]第九条	★★★	资料查阅 人员考问		
			（2）将风险评估结果与运行操作票、检修文件包、检修工序卡结合，明确安全管控措施		★★★	资料查阅		
			（3）安全性验收评价中提出问题的整改闭环情况	[4]第二十四条	★★	资料查阅 现场检查		
			（4）在氨区安全环境和安全条件、生产系统、设备设施等发生较大变化时，对可能存在的危险因素进行全面辨识，并进行分类汇总和危险程度评估，制定针对性的预防措施，并进行分解落实到工作岗位和作业人员，预防隐患产生	[22]第九条	★★	资料查阅		
		2.2 隐患排查治理机制	（1）建立事故隐患排查治理和建档监控等制度，逐级建立并落实从主要负责人到从业人员的隐患排查治理和监控责任制	[3]第八条	★★	资料查阅		

199

（续）

序号	监察要素		监察内容	监察依据	重要程度	监察方式	发现问题	备注
2	风险管理	2.2 隐患排查治理机制	（2）建立隐患分级管控机制，根据隐患的影响范围、危害程度和治理难度制定隐患分级标准，明确负责不同等级隐患治理、督办和验收等工作的责任单位和责任人员	[22] 第九条	★	资料查阅		
			（3）将生产经营项目、场所、设备发包、出租的，应与承包、承租单位签订安全生产管理协议，并在协议中明确各方对隐患排查、治理和防控的管理职责。本单位对承包、承租单位的隐患排查治理负有统一协调和监督管理的职责	[22] 第九条	★★★	资料查阅		
		2.3 隐患排查治理	（1）定期开展氨区隐患排查治理，对本单位及上级公司、政府部门等排查发现的所有隐患进行分级和登记，并按照隐患等级明确相应层级的单位（部门）、人员负责治理、督办	[22] 第九条	★★★	资料查阅		
			（2）建立隐患排查台账及重大事故隐患信息档案，每月将本单位及各级排查出的重大事故隐患整改情况上报上级公司	[22] 第十七条	★	资料查阅		

十五、发电企业氨区管理安全监察表

（续）

序号	监察要素		监察内容	监察依据	重要程度	监察方式	发现问题	备注
3	重大危险源	重大危险源管理	（1）备案、核销手续齐全	[5]第二条	★★	资料查阅		
			（2）应当委托具有相应资质的安全评价机构开展安全评估。评估报告应包括下列内容：评估的主要依据，重大危险源的基本情况，事故发生的可能性及危害程度，个人风险和社会风险值，可能受事故影响的周边场所、人员情况，重大危险源辨识、分级的符合性分析，安全管理措施、安全技术和监控措施，事故应急措施，评估结论与建议	[5]第九条，第十条	★	资料查阅		
			（3）企业应按规定，在重大危险源安全评估已满3年，构成重大危险源的装置、设施或场所进行新建、改建、扩建，危险化学品种类、数量、生产、使用工艺或储存方式及重要设备、设施等发生变化，影响重大危险源级别或风险程度或者外界生产安全环境因素发生变化，影响重大危险源级别和风险程度，发生危险化学品事故造成人员死亡或10人以上受伤，影响到公共安全或者有关重大危险源辨识和安全评估的国家标准、行	[5]第十一条	★	资料查阅		

（续）

序号	监察要素		监察内容	监察依据	重要程度	监察方式	发现问题	备注
3	重大危险源	重大危险源管理	业标准发生变化时，对重大危险源重新进行辨识、安全评估及分级	[5] 第十一条	★	资料查阅		
			（4）落实重大危险源源长制，由企业主要负责人担任本企业危险化学品重大危险源总源长。企业建立"源长制"工作记录，做到可查询、可追溯	[11]	★★	资料查阅		
4	设备设施	4.1 "三同时"	氨区安全、职业卫生、消防等按规定通过验收并取得合格证明	[2] 第十三条；[4] 第二十三条；[6] 第三条	★	资料查阅		
		4.2 管理制度	（1）企业应制定设备管理规定和技术监督管理实施细则	[23]	★	资料查阅		
			（2）企业应制定设备设施治理（含氨区）和技术监督（含氨区）计划，并严格落实		★	资料查阅 现场检查		
			（3）责任管理部门应建立氨区设备台账		★	资料查阅		
		4.3 压力容器管道	（1）氨区压力容器、压力管道以及安全附件的检修、检验计划		★	资料查阅		

十五、发电企业氨区管理安全监察表

（续）

序号	监察要素		监察内容	监察依据	重要程度	监察方式	发现问题	备注
4	设备设施	4.3 压力容器管道	（2）安全监督管理部门对压力容器、压力管道以及安全附件的检验情况进行监督检查		★	资料查阅		
			（3）氨区压力容器注册登记，按规定进行月度、年度安全检查；新安装的压力容器投运满3年进行首次定检，下次定检周期由检验机构根据安全状况确定	[19] 7.1.2	★	资料查阅		
			（4）氨区压力管道注册登记，按规定进行年度安全检验。新投运的管道首次全面检验周期不超过3年，下次全面检验周期由检验机构根据安全状况确定	[17] 2.10, 3.1, 3.6 [18] 第一百一十六条，第一百一十七条	★	资料查阅		
			（5）氨气泄漏检测仪进行年度安全检验，安全阀进行年度安全检验，压力容器的压力表进行半年安全检验	[20] 第一百一十四条	★★	资料查阅		
			（6）储罐液位计应有明显的限高标识，运行中储罐存储量不得超过储罐有效容量的80%	[13] 1.8.3	★	现场检查 人员考问		

(续)

序号	监察要素		监察内容	监察依据	重要程度	监察方式	发现问题	备注
4	设备设施	4.4 自动装置	(1) 储罐安全自动装置应投入运行，严禁随意解除连锁和保护。确需解除的，应严格遵守规定，履行相关手续	[12] 第二十六条	★★	资料查阅 现场检查		
			(2) 安全自动装置应采用保安电源或UPS供电	[12] 第十七条	★	资料查阅 现场检查		
		4.5 涉氨设备材质	(1) 氨区气动阀门应采用故障安全型执行机构；液氨储罐进出口阀门应具有远程快关功能	[12] 第二十一条	★	资料查阅 现场检查		
			(2) 压力表和安全阀、截止阀等与氨接触的部件应当与氨介质相适应，应选用不锈钢氨专用压力表和不锈钢氨专用阀门。不应采用灰口铸铁材料的阀门，不应使用含铜材质和镀锌、镀锡零部件	[12] 第十九条	★★	资料查阅 现场检查		
			(3) 选用不锈钢缠绕石墨垫片或聚四氟乙烯垫片等耐用、安全性能高的垫片		★★	资料查阅 现场检查		
			(4) 氨区所有电气设备、远传仪表、执行机构、热控盘柜等均选用相应等级的防爆设备，防爆结构选用隔爆型（EX-d），防爆等级不低于ⅡAT1	[13] 1.8.19	★★	现场检查		

十五、发电企业氨区管理安全监察表

（续）

序号	监察要素		监察内容	监察依据	重要程度	监察方式	发现问题	备注
4	设备设施	4.6 防雷防静电	（1）防雷接地装置年度检测计划		★★	资料查阅		
			（2）安全监督管理部门对防雷接地检测情况进行监督检查		★★	资料查阅		
			（3）氨区防雷装置应每半年由具有相应资质的检测机构检测一次	[9]第十九条，第二十三条	★	资料查阅		
			（4）氨区及输氨管道法兰、阀门连接处应装设金属跨接线	[12]第十九条	★	现场检查		
			（5）氨区大门入口处应装设静电释放装置。静电释放装置地面以上部分高度宜为1.0m，底座应与氨区接地网干线可靠连接	[12]第八条	★	现场检查		
		4.7 降温喷淋	（1）降温喷淋系统定期试验		★★	资料查阅		
			（2）企业应对喷淋定期试验情况进行监督检查		★★	资料查阅		
			（3）氨区内每个储罐应单独设置用于罐体表面温度冷却的降温喷淋系统	[12]第十六条	★	现场检查		
			（4）降温喷淋系统自动运行正常		★★	现场检查		

（续）

序号	监察要素		监察内容	监察依据	重要程度	监察方式	发现问题	备注
4	设备设施	4.8 视频监控	（1）脱硝氨区应设置视频监控系统，视频信号应远传至本单位控制室（值班室）。视频监控系统能够清晰观察到储罐区全貌，包括接卸区域	［12］第十三条	★★	现场检查		
			（2）液氨储罐的压力、温度、液位以及氨区的氨气体浓度报警值等必须上传至集团公司		★★	现场检查		
		4.9 风向标	氨区应在不同方向设置风向标			现场检查		
		4.10 消防设施	（1）明确消防喷淋系统的试验周期、试验方式及自动启动消防喷淋的条件		★★★	资料查阅		
			（2）进入氨区的机动车辆必须安装阻火器	［13］1.8.13	★★	现场检查		
			（3）储罐区应设置防火堤，其有效容积应不小于储罐组内最大储罐的容量，并在不同方位上设置不少于2处越堤人行踏步或坡道	［12］第十八条	★	现场检查		
			（4）生产区应设置2个及以上对角或对向布置的安全出口。安全出口门应向外开，以便危险情况下人员安全疏散	［12］第十条	★★	现场检查		

十五、发电企业氨区管理安全监察表

（续）

序号	监察要素		监察内容	监察依据	重要程度	监察方式	发现问题	备注
4	设备设施	4.10 消防设施	（5）氨区消防器材应安排专人定期检查	[15] 4.5.1	★	现场检查		
			（6）企业应对氨区消防器材的检查、维护、试验情况进行监督检查	[15] 3.3.5，3.5.3	★★	资料查阅		
			（7）氨区消防水炮采用直流/喷雾两用，能够上下、左右调节	[12] 第十二条	★	现场检查		
			（8）氨区喷淋管按环型布置，喷头应采用实心锥型开式喷嘴	[12] 第十五条	★	现场检查		
			（9）消防喷淋系统自动投入正常		★★	现场检查		
		4.11 综合管线	（1）管架跨越厂区道路时管道安装高度大于5 m；跨越行车道时，路面以上的净空高度大于4.5 m，并悬挂限高标识	[16] 3.5.3	★	现场检查		
			（2）氨气管道宜架空或沿地敷设；必须采用管沟敷设时，应采用防止氨气在管沟内聚集的措施，并在进、出装置及厂房处密封隔断。氨气管道不应和电力电缆、热力管道敷设在同一沟道内		★	现场检查		

(续)

序号	监察要素		监察内容	监察依据	重要程度	监察方式	发现问题	备注
4	设备设施	4.11 综合管线	（3）氨气管道不得穿越或跨越与其无关的建（构）筑物、生产工艺装置或设施。凡与氨区无关的管道均不得穿越或跨越氨区	[16] 3.5.3	★	现场检查		
			（4）氨区管道与电厂电力电缆、氢管、油管等共架多层敷设时，应分开布置在管架的两侧或不同标高层中，其间宜用其他工程管道隔开		★	现场检查		
5	运行管理	5.1 人员出入	（1）制定人员出入氨区的管理规定		★★	资料查阅		
			（2）进入氨区应先触摸静电释放装置，消除人体静电，并按规定进行登记。禁止无关人员进入氨区，禁止携带火种或穿着可能产生静电的衣服和带钉子的鞋进入氨区，严禁携带手机。有人员在氨站工作时，逃生出口大门不应上锁	[12] 第二十四条；[13] 2.9.2	★★	资料查阅 现场检查		
		5.2 工器具等	（1）制定氨区作业工器具管理的相关规定		★★	资料查阅		
			（2）从事设备运行操作或检修维护作业应使用铜质等防止产生火花的专用工具。如必须使用钢制工具，应涂黄油或采取其他措施	[12] 第二十五条	★★	现场检查		

十五、发电企业氨区管理安全监察表

（续）

序号	监察要素		监察内容	监察依据	重要程度	监察方式	发现问题	备注
5	运行管理	5.3 巡回检查	（1）企业负责人、主管部门负责人、安监人员等相关人员应按到岗到位标准检查氨区		★★	资料查阅		
			（2）运行值班人员应按规定巡视检查氨区设备和系统运行状况，定期测定空气中氨气含量，并做好记录	[12]第二十七条	★	资料查阅		
		5.4 操作票	（1）接卸、气体置换、倒罐等重要操作应使用操作票，操作前应进行人身安全风险分析，填写"人员人身安全风险分析预控本"	[12]第二十九条	★★	资料查阅		
			（2）运行管理部门每月应对氨区操作票执行情况进行检查与考核		★★	资料查阅		
			（3）安全监督部门每月应对氨区操作票执行情况进行监督检查与考核		★★	资料查阅		
		5.5 液氨运输接卸	（1）建立液氨供货企业和运输企业管理档案，与液氨供货企业、运输企业签订安全协议	[13] 1.8.17	★★★	资料查阅		
			（2）制定液氨进厂前各项检查和审核的相关规定，明确液氨车辆进厂检查的责任部门、人员及检查内容等		★	资料查阅		

（续）

序号	监察要素		监察内容	监察依据	重要程度	监察方式	发现问题	备注
5	运行管理	5.5 液氨运输接卸	（3）液氨罐车进厂前，检查和审核供货企业和运输企业证照齐全：驾驶员、押运员道路运输人员从业资格证，道路运输证，汽车罐车使用登记证，罐车检验合格标记和下次检验日期，汽车罐车定期检验报告，交货单和出厂质量检验报告等	[10] 第八条	★★★	资料查阅		
			（4）定期对液氨品质进行抽检	[12] 第三十条	★	资料查阅		
			（5）运行人员持液氨接卸操作票进行接卸	[12] 第二十九条	★★★	资料查阅		
			（6）恶劣天气或周围有明火等情况下，不得进行或立即停止卸氨操作。夜间一般不进行卸氨操作	[12] 第三十条	★★	现场检查人员考问		
			（7）卸氨结束，应静置 10 min 后方可拆除槽车与卸料区的静电接地线；检测空气中氨浓度小于 35 ppm 后，方可启动槽车		★★	现场检查人员考问		
		5.6 气体置换	氨系统气体置换应确保连接管道、阀门有效隔离。氮气置换氨气时，取样点氨气含量应不大于 35 ppm；压缩空气置换氮气时，取样点含氧量应达到 18%～21%；氮气置换压缩空气时，取样点含氧量应小于 2%	[12] 第三十一条	★	资料查阅人员考问		

十五、发电企业氨区管理安全监察表

（续）

序号	监察要素		监察内容	监察依据	重要程度	监察方式	发现问题	备注
6	检修管理	6.1 检修作业	（1）在氨区内从事任何检修维护作业必须使用工作票	[21]第四条	★	资料查阅		
			（2）氨系统经过检修后，应进行气密性试验	[12]第三十三条	★★	资料查阅		
		6.2 动火作业	（1）脱硝氨区及周围30 m内动火作业应严格执行动火工作票制度	[12]第三十四条	★	资料查阅		
			（2）氨区内动火作业，必须办理一级动火工作票	[21]第六十七条	★★	资料查阅		
			（3）动火作业过程中，应对现场氨气浓度进行连续监测		★★★	资料查阅 人员考问		
		6.3 有限空间作业	（1）在储罐等容器内部作业，应对相关设备和管道进行置换、吹扫，作业前30 min进行检测，有毒有害气体浓度和氧含量合格	[7]第十二条	★★	现场检查 人员考问		
			（2）检修时，容器外设专人监护且与容器内人员定时喊话联系。使用安全电压的照明、电动工具	[13]1.9.2	★★	现场检查 人员考问		

（续）

序号	监察要素		监察内容	监察依据	重要程度	监察方式	发现问题	备注
7	应急管理	7.1 应急预案	（1）编制液氨泄漏事故专项应急预案和现场处置方案	[12] 第三十六条	★★	资料查阅		
			（2）应急预案由本单位主要负责人签署公布，并及时发放到有关部门、岗位和相关应急救援队伍，并报有关部门备案	[8] 第二十四条，第二十五条	★	资料查阅		
		7.2 应急演练	（1）制定液氨泄漏事故年度应急演练计划	[12] 第三十七条	★	资料查阅		
			（2）每年至少组织一次液氨事故专项应急预案演练，每半年组织一次现场处置方案演练，并对演练结果进行评审，及时完善相关应急措施，补充相关应急救援物资	[8] 第三十三条	★★	资料查阅		
		7.3 应急物资	（1）企业应制定防护用品和应急救援物资定期校验和检验的相关规定		★	资料查阅		
			（2）氨区应急防护器材应存放在安全、便于取用的地方，并设专人负责保管，建立台账，定期校验和维护。台账中明确注明领用日期、生产日期及有效日期		★★	现场检查		
			（3）企业氨区应急防护器材应处于良好状况，相关人员熟悉穿戴和使用方法		★★★	现场检查		

十五、发电企业氨区管理安全监察表

（续）

序号	监察要素		监察内容	监察依据	重要程度	监察方式	发现问题	备注
7	应急管理	7.4 应急处置	（1）液氨泄漏时应启动应急预案，必要时请求地方政府支援，协同开展应急救援工作	[12] 第四十条	★	资料查阅 人员考问		
			（2）设定隔离区域和疏散地点	[12] 第四十二条	★	现场检查		
			（3）作业人员应熟悉以下紧急处理原则：人员吸入液氨时，应迅速转移至空气新鲜处，保持呼吸通畅；如呼吸困难或停止，立即进行人工呼吸，并迅速就医。皮肤接触液氨时，立即脱去污染的衣物，用医用硼酸或大量清水彻底冲洗，并迅速就医。眼睛接触液氨时，立即提起眼睑，用大量流动清水或生理盐水彻底冲洗至少 15 min，并迅速就医	[12] 第四十一条	★★	人员考问		

企业监察总体概况：

1. 基本情况
2. 存在的主要问题
3. 整改要求及建议

监察负责人签名		企业负责人签名	

发电企业安全监察手册

说明：

一、监察方式：资料查阅（包括文件、记录、台账等）、现场检查、人员考问等。

二、监察依据：

[1]《中华人民共和国安全生产法》（中华人民共和国主席令 第十三号）。

[2]《中华人民共和国消防法》（中华人民共和国主席令 第二十九号）。

[3]《安全生产事故隐患排查治理暂行规定》（国家安全生产监督管理总局令 第16号）。

[4]《建设项目安全设施"三同时"监督管理暂行办法》（国家安全生产监督管理总局令 第36号）。

[5]《危险化学品重大危险源监督管理暂行规定》（国家安全生产监督管理总局令 第40号）。

[6]《建设项目职业卫生"三同时"监督管理暂行办法》（国家安全生产监督管理总局令 第51号）。

[7]《工贸企业有限空间作业安全管理与监督暂行规定》（国家安全生产监督管理总局令 第59号）。

[8]《应急管理部关于修改〈生产安全事故应急预案管理办法〉的决定》（应急管理部令 第2号）。

[9]《中国气象局关于修改〈防雷减灾管理办法〉的决定》（中国气象局令 第24号）。

[10]《交通运输部关于修改〈道路危险货物运输管理规定〉的决定》（中华人民共和国交通运输部令 第36号）。

[11]《应急管理部关于实施危险化学品重大危险源源长责任制的通知》（应急〔2018〕89号）。

[12]《国家能源局关于印发〈燃煤发电厂液氨罐区安全管理规定〉的通知》（国能安全〔2104〕328号）。

[13]《国家能源局关于印发〈防止电力生产事故的二十五项重点要求〉的通知》（国能安全〔2014〕161号）。

[14]《国家能源局关于加强电力安全培训工作的通知》（国能安全〔2017〕96号）。

[15]《电力设备典型消防规程》（DL 5027—2015）。

[16]《火力发电厂烟气脱硝设计技术规程》（DL/T 5480—2013）。

[17]《特种设备使用管理规则》（TSG 08—2017）。

[18]《压力管道安全技术监察规程—工业管道》（TSG D0001—2009）。

[19]《固定式压力容器安全技术监察规程》（TSG 21—2016）。

[20]《安全阀安全技术监察规程》(TSG ZF001—2006)。

[21]《国家能源集团有限责任公司火力发电企业工作票管理规定(试行)》(国家能源办〔2019〕258号)。

[23]《国家能源投资集团有限责任公司安全环保隐患排查治理与监督管理规定》(国家能源办〔2019〕261号)。

[24]《国家能源投资集团有限责任公司火电产业技术监督管理细则》(国家能源办〔2019〕564号)。

十六、发电企业操作票管理安全监察表

序号	监察要素		监察内容	监察依据	重要程度	监察方式	发现问题	备注
1	制度规程	1.1 制定审批	（1）制定操作票管理制度，内容包括：责任落实、运行（电气、热机）典型操作票编写审批使用规定、操作术语、操作票使用范围、操作票填写格式及内容、停送电联系单使用范围、不合格操作票列举项，以及操作票、停送电联系单的检查、统计评价、保管、考核等内容	[3] 3.1	★★★	资料查阅		
			（2）根据实际情况制定重大操作到岗制度，明确重大操作风险等级及相应到岗人员的技术落实责任。关键的重大操作试验项目三项措施必须由主管生产领导批准	[5] 附件3 第十一条	★★★	资料查阅		
			（3）运行、检修规程应含微机五防闭锁装置的管理维护、解锁工具（钥匙）使用和管理内容	[3] 3.4	★★★	资料查阅		
			（4）制定防止运行误操作措施	[3] 3.1；[5] 附件3第六条	★★★	资料查阅		

十六、发电企业操作票管理安全监察表

（续）

序号	监察要素		监察内容	监察依据	重要程度	监察方式	发现问题	备注
1	制度规程	1.1 制定审批	（5）每年至少进行一次规章制度、运行规程、系统图的有效性检查评估；及时完善规章制度、运行规程、系统图；每3~5年进行一次全面修订、重新印刷发布；规章制度、运行规程、系统图的修订、审查应严格履行审批手续	[6] 5.4.4	★★★	资料查阅		
		1.2 宣贯培训	（1）每年对生产岗位人员进行生产技能培训，内容包括规章制度、运行规程、系统图、操作票等	[6] 5.5.3	★★	资料查阅		
			（2）现场应有最新版运行规程、系统图、电网调度规程	[6] 5.4.4	★★★	资料查阅 现场检查		
2	典型操作票	2.1 风险评估	（1）基于作业任务开展全面系统的作业安全危害辨识、风险评估，制定预控措施，参考《火电厂作业任务风险评估分册》，编制典型作业人身安全风险清单或风险预控票，建立健全"发电厂作业安全风险数据库"	[4] 第七条	★★★	资料查阅		
			（2）人身风险预控应依据"发电厂作业安全风险数据库"或《火电厂作业任务风险评估分册》，结合作业实际情况，全面准确分析具体作业中可能存在的风险		★★★	资料查阅		

（续）

序号	监察要素		监察内容	监察依据	重要程度	监察方式	发现问题	备注
2	典型操作票	2.2 编写修订	（1）应组织运行部门编制典型操作票（卡）	[5]附件3第十条	★★★	资料查阅		
			（2）典型操作票（卡）应结合风险辨识结果，关键步骤设置风险点提示，明确风险控制措施、风险等级及技术落实责任人	[4]第七条	★★★	资料查阅		
			（3）设备、系统异动时应及时修编完善典型操作票（卡）	[5]附件3第十条	★★★	资料查阅		
			（4）定期组织典型操作票(卡)进行适应性修订		★★	资料查阅		
		2.3 审批发布	（1）典型操作票（卡）编制完成后，企业应组织相关部门会审，总工程师（或分管生产领导）批准后方可下发使用；且应明确编制、会审、审批及使用责任	[5]附件3第十条	★★	资料查阅		
			（2）集控（主控）室应存放最新的典型操作票（卡），以方便运行人员调取使用		★★	资料查阅 现场检查		
		2.4 培训	（1）部门、班组应制定年度操作票培训计划并落实	[1]4.1.3；[5]附件3第十二条	★★	资料查阅		
			（2）每年对生产岗位人员进行生产技能培训、安全教育和安全规程考试，使其熟悉	[6]5.5.3；[5]附件3第十二条	★★	资料查阅 现场检查		

十六、发电企业操作票管理安全监察表

（续）

序号	监察要素		监察内容	监察依据	重要程度	监察方式	发现问题	备注
2	典型操作票	2.4 培训	有关的安全生产规章制度和安全操作规程，掌握触电急救及心肺复苏法，并确认其能力符合岗位要求。其中，监护人、操作人须经安全培训、考试合格并公布	[6] 5.5.3；[5] 附件 3 第十二条	★★	资料查阅 现场检查		
			（3）典型操作票（卡）编制完成后，企业应组织开展运行人员典型操作票的培训	[5] 附件 3 第十二条（一）、（六）	★	资料查阅 人员考问		
			（4）定期调考运行人员的独立写票能力	[5] 附件 3 第十二条(一)、（六）	★	资料查阅 人员考问		
3	过程管控	3.1 接发令	发令人发布操作命令应准确、清晰，使用规范的操作术语和设备名称。发令人（调度/值长）在使用电话命令时应用录音电话并录音，受令人（值长/班长）使用录音电话并录音，复诵无误后执行	[3] 3.2；[1] 7.3.1	★★★	资料查阅		
		3.2 填写操作票	（1）根据操作任务实际情况，结合本厂"发电厂作业安全风险数据库"进行作业前风险评估，提出本次操作存在的风险及预控措施	[4] 第五条	★★★	资料查阅		
			（2）结合操作任务风险评估结果，对典型操作票进行适应性修订，禁止照搬照用典型操作票	[4] 第五条	★★★	资料查阅		

（续）

序号	监察要素		监察内容	监察依据	重要程度	监察方式	发现问题	备注
3	过程管控	3.3 审批许可	操作票填写完成后，由监护人、主值（机组长）、值长（单元长）审核，确保操作票的正确性	[5]附件3第十六条（三）	★★★	资料查阅		
		3.4 执行	（1）电气倒闸操作严格执行"监护复诵制"，严禁操作人员私自改动操作票的内容或倒项、跳项、漏项、添项后进行操作	[5]附件3第十六条（七）	★★	资料查阅		
			（2）监护人听到操作人回令检查确认后在"执行情况栏"打"√"，对重要节点操作完成时间进行记录		★★	资料查阅		
			（3）针对关键操作步骤设置操作风险点提示的操作，应由风险点控制技术落实责任人到场确认无误方可进行下一步操作	[4]第七条	★★★	资料查阅		
			（4）每张操作票执行完毕后方可执行下一张操作票，严禁同时执行多张操作票。典型操作票（卡）应结合风险辨识结果，关键步骤设置风险点提示，明确风险控制措施、风险等级及技术落实责任人	[5]附件3第十六条（三）	★★	资料查阅		

十六、发电企业操作票管理安全监察表

（续）

序号	监察要素		监察内容	监察依据	重要程度	监察方式	发现问题	备注
3	过程管控	3.4 执行	（5）升压站设备正常运行时采用远方操作，就地开关柜的防误闭锁装置应将开关、隔离刀闸控制方式选择开关闭锁在"远方"位置，严禁使用万能钥匙进行就地解锁。接地刀闸每次操作结束后应将控制方式投"就地"，拉开其控制电源、动力电源小开关	［5］附件3第十六条（十一）	★★	资料查阅		
			（6）电气倒闸操作必须全程录音，操作完毕后的操作票应及时记录、封存	［5］附件3第十六条（七）	★★	资料查阅		
		3.5 重大操作	（1）对于锅炉水压试验、空气动力场试验、最低稳燃试验等，汽机超速试验、主气门、调速气门全行程活动试验等，电气假同期试验、升压试验、短路试验等重大操作或重大试验项目，技术措施必须经过分管领导审批	［5］附件3第十一条（一）	★★★	资料查阅现场检查		
			（2）生产管理部门严格执行重大操作到岗制度，人员到场时间应及时填写记录	［5］附件3第十六条（七）	★★	现场检查资料查阅		
			（3）到岗到位人员对操作安全技术问题严格把关，并监督现场操作执行情况，对操作票中关键步骤风险提示点设置预控措施进行检查确认		★★	现场检查资料查阅		

（续）

序号	监察要素		监察内容	监察依据	重要程度	监察方式	发现问题	备注
4	统计分析		生产管理部门专业人员每月对操作票进行抽查并签字，对于不合格操作票提出考核并与当月绩效挂钩，提出整改措施，并在部门月度会议上通报	[3] 3.1；[4] 第二十三条	★★★	现场检查 资料查阅		
5	个体防护	劳动防护用品配备与使用	（1）电气倒闸操作应选用合适的高压绝缘鞋（靴）、高压绝缘手套、验电器等工器具	[3] 1.2.2，1.2.3	★	资料查阅 现场检查		
			（2）氨区作业人员应正确穿戴劳动防护用品，严禁穿戴易产生静电服装，作业人员实施操作时，应按规定佩戴个人防护用品	[3] 1.8.15；	★	资料查阅 现场检查		
			（3）进行酸碱操作的人员应根据工作需要戴口罩、橡胶手套及防护眼镜，穿橡胶围裙及长筒胶靴（裤脚应放在靴外）	[2] 12.4.2，12.4.13	★	资料查阅 现场检查		
			（4）开展劳动防护用品的使用培训，作业人员能正确佩戴和使用	[2] 12.4.2 [3] 1.2.1	★	资料查阅 现场检查		

十六、发电企业操作票管理安全监察表

(续)

序号	监察要素	监察内容	监察依据	重要程度	监察方式	发现问题	备注
企业监察总体概况：							
1. 企业监察情况总体描述							
2. 存在的主要问题							
3. 整改要求及建议等							
监察负责人签名				企业负责人签名			

说明：

一、监察方式

资料查阅（包括文件、记录、台账等）、现场检查、人员考问等。

二、监察依据

[1]《电力安全工作规程 发电厂和变电站电气部分》（GB 26860—2011）。

[2]《电业安全工作规程 第1部分：热力和机械》（GB 26164.1—2010）。

[3]《防止电力生产事故的二十五项重点要求》（国能安全〔2014〕161号）。

[4]《关于印发〈国家能源集团发电企业员工人身安全风险分析预控管理办法（试行）〉的通知》（国家能源办〔2018〕293号）。

[5]《关于开展火电机组降非停"三个专项治理"行动的通知》（万办〔2019〕70号）。

[6]《发电企业安全生产标准化规范及达标评级标准》（电监安全〔2001〕23号）。

十七、发电企业特种设备管理安全监察表

序号	监察要素		监察内容	监察依据	重要程度	监察方式	发现问题	备注
1	管理制度	1.1 设备范围	特种设备包括锅炉、压力容器、压力管道、起重设备、电梯、场（厂）内专用机动车辆等	[1]第二条	★★	资料查阅		
		1.2 制度内容	企业制定的特种设备安全管理制度应至少包括：岗位责任制、隐患治理、安全操作规程、现场安全管理制度、安全培训教育制度、应急救援安全管理制度	[1]第三十四条	★★★	资料查阅		
2	依法合规	2.1 检验登记	（1）使用取得生产许可并经检验合格的特种设备	[1]第三十二条	★★★	资料查阅		
			（2）特种设备的安装、改造、重大修理过程，应当经特种设备检验机构按照安全技术规范的要求进行监督检验	[1]第二十五条	★★★	资料查阅		
			（3）投入使用前或者投入使用后30日内，向负责特种设备安全监督管理的部门办理使用登记，取得使用登记证书。登记标志应当置于该特种设备的显著位置	[1]第三十三条	★★★	资料查阅 现场检查		

十七、发电企业特种设备管理安全监察表

（续）

序号	监察要素		监察内容	监察依据	重要程度	监察方式	发现问题	备注
2	依法合规	2.2 资质能力	（1）企业应按规定设置特种设备安全管理机构，配备相应的安全管理人员和作业人员，建立人员管理台账，开展安全与节能培训教育，保存人员培训记录	[4] 2.2（3）	★★★	资料查阅		
			（2）企业应当配备安全管理负责人，并取得特种设备安全管理人员资格证书	[4] 2.4.2	★★★	资料查阅		
			（3）企业应当配备专职安全管理员，并取得特种设备安全管理人员资格证书	[4] 2.4.2	★★★	资料查阅		
			（4）特种设备作业人员应当取得《市场监管总局关于特种设备行政许可有关事项的公告》（2019年第3号）中规定的相应特种设备作业人员资格证书，且证件在有效期内	[4] 2.4.4	★★★	资料查阅		
3	档案资料	3.1 安全档案	（1）使用登记证	[4] 2.5	★★★	资料查阅		
			（2）特种设备使用登记表		★★★	资料查阅		
			（3）特种设备设计、制造技术资料和文件，包括设计文件、产品质量合格证明（含合格证及数据表、质量证明书）、安装及使用维护保养说明、监督检验证书、型式试验证书等		★★★	资料查阅		

(续)

序号	监察要素		监察内容	监察依据	重要程度	监察方式	发现问题	备注
3	档案资料	3.1 安全档案	(4) 特种设备安装、改造和修理的方案、图样、材料质量证明书和施工质量证明文件、安装改造维修监督检验报告、验收报告等技术资料	[4] 2.5	★★★	资料查阅		
			(5) 特种设备定期自行检查记录和定期检验报告		★★★	资料查阅		
			(6) 特种设备日常使用状况记录		★★★	资料查阅		
			(7) 特种设备及其附属仪器仪表维护保养记录		★★★	资料查阅		
			(8) 特种设备安全附件和安全保护装置校验、检修、更换记录和有关报告		★★★	资料查阅		
			(9) 特种设备运行故障和事故记录及事故处理报告		★★★	资料查阅		
		3.2 存档要求	所有特种设备档案资料应由专人统一保存		★★	资料查阅		
4	锅炉设备	4.1 设备范围	(1) 锅炉本体包括：锅筒、受热面及集箱、连接管道、炉膛、燃烧设备、空气预热器、烟风道，平台和扶梯等构架、炉墙和除渣设备等所组成的整体	[5] 1.2	★★	资料查阅		

十七、发电企业特种设备管理安全监察表

（续）

序号	监察要素		监察内容	监察依据	重要程度	监察方式	发现问题	备注
4	锅炉设备	4.1 设备范围	（2）锅炉范围内管道包括：主给水、主蒸汽、再热蒸汽等管道	[5] 1.2	★★	资料查阅		
			（3）锅炉安全附件和仪表包括：安全阀、压力测量、液位测量与示控、温度测量、排污和放水等安全保护装置和相关仪表		★★	资料查阅		
			（4）锅炉辅助设备及系统包括：燃料制备、汽水、水处理等设备及系统		★★	资料查阅		
		4.2 设备管理	（1）企业按规定开展锅炉的外部检验、内部检验以及水压实验等定期工作	[12] 14.4	★★★	资料查阅		
			（2）对于重大缺陷的处理，企业应当组织安全评定或者专家论证，以确定缺陷的处理方式	[5] 9.4.10	★★	资料查阅		
			（3）锅炉使用单位发生锅炉事故，应当按照《特种设备事故报告和调查处理规定》及时报告和处理	[5] 8.1.14	★★★	资料查阅 人员考问		
			（4）从事锅炉清洗的单位，应当按照安全技术规范的要求进行锅炉清洗，并且接受特种设备检验检测机构实施的锅炉清洗过程监督检验	[5] 8.1.11	★★★	资料查阅		

（续）

序号	监察要素		监察内容	监察依据	重要程度	监察方式	发现问题	备注
4	锅炉设备	4.2 设备管理	（5）结合现有煤种开展配煤掺烧试验，锅炉燃烧工况及主要运行控制参数安全稳定		★★★	资料查阅 现场检查		
			（6）炉膛安全监控及连锁保护系统可靠投入	[5] 5.2.7	★★★	资料查阅		
			（7）锅炉安全阀按规定开展校验	[5] 6.1.15	★★★	资料查阅 现场检查		
		4.3 运行操作	（1）运行规程、系统图及事故处理规定按规定编制、审批、发布并配置		★★	资料查阅		
			（2）锅炉运行方式、参数符合运行规程相关规定		★★	资料查阅		
5	压力容器	5.1 设备范围	压力容器管理范围符合原国家质检总局《关于修订〈特种设备目录〉的公告》有关规定	[2] 附件	★★	资料查阅		
		5.2 设备管理	（1）企业按压力容器状况等级开展定期检验工作：安全状况等级为1、2级的，每6年检验一次；安全状况等级为3级的，每3~6年检验一次；安全状况等级为4级的，监控使用时间不得超过3年，并应采取有效的监控措施	[6] 7.1.6, 8.1.6	★★★	资料查阅		

十七、发电企业特种设备管理安全监察表

(续)

序号	监察要素		监察内容	监察依据	重要程度	监察方式	发现问题	备注
5	压力容器	5.2 设备管理	(2) 企业应对压力容器开展月度、年度定期检查，检查项目满足规程要求，并做好检查记录，发现问题及时处理	[6] 7.1.5.1, 7.1.5.2	★★	资料查阅		
			(3) 压力容器停用1年以上的，做好封存工作，重新启用前参照定期检验的有关要求进行检验，并办理启用手续	[12] 4.6.3	★★	资料查阅		
			(4) 安全阀按规定开展校验	[6] 7.2.3.1	★★	现场检查		
		5.3 运行操作	(1) 运行规程、系统图及事故处理规定按规定编制、审批、发布并配置		★★	资料查阅		
			(2) 锅炉运行方式、参数符合运行规程相关规定		★★	资料查阅		
6	压力管道	6.1 设备范围	压力管道管理范围符合原国家质检总局《关于修订〈特种设备目录〉的公告》有关规定	[2] 附件	★★	资料查阅		
		6.2 设备管理	(1) 企业按压力管道状况等级开展定期检验工作：安全状况等级为1、2级的，一般不超过6年检验一次；安全状况等级为3级的，一般不超过3年检验一次，且在使用期间内应采取有效的监控措施；安全状况等级为4级的，不得继续使用	[8] 1.6	★★★	资料查阅		

（续）

序号	监察要素		监察内容	监察依据	重要程度	监察方式	发现问题	备注
6	压力管道	6.2 设备管理	（2）企业应对压力管道开展月度、年度定期检查，检查项目满足规程要求，并做好检查记录，发现问题及时处理	[8] A1	★★	资料查阅		
			（3）安全阀按规定开展校验	[8] 2.4.2.10	★★	现场检查		
7	起重设备	7.1 设备范围	（1）起重设备管理范围符合原国家质检总局《关于修订〈特种设备目录〉的公告》有关规定	[2] 附件	★★	资料查阅		
			（2）单轨吊、电动葫芦、攀爬器和其他额定起重量未达到特种设备目录中要求的升降机、起重机等不属于特种设备的起重机械，除无须特种设备安全监督管理部门的监督取证外，其他管理均参照特种设备进行管理		★★★	资料查阅 现场检查		
		7.2 设备管理	（1）企业应按规定开展检验工作：塔式起重机、升降机、流动式起重机，每年检验一次；桥式起重机、门式起重机、门坐式起重机、缆索式起重机、桅杆式起重机、机械式停车设备，每2年检验一次	[9] 第四条，第七条	★★	资料查阅		

十七、发电企业特种设备管理安全监察表

（续）

序号	监察要素		监察内容	监察依据	重要程度	监察方式	发现问题	备注
7	起重设备	7.2 设备管理	（2）受检单位或者维保单位按照《特种设备检验意见通知书》要求及时整改，并在规定时限内向检验机构提交填写处理结果的通知书以及整改报告等见证资料	[9] 第十六条	★★	资料查阅		
			（3）日常维护保养应委托有资格的单位开展，每月至少进行一次日常维护保养和自行检查，每年或使用前进行一次全面检查；发现异常应当及时处理并记录		★★★	资料查阅 现场检查		
		7.3 使用操作	（1）起重机的合适位置或工作区域应设置明显的文字安全警示标志；起重机的危险部位应有安全标志和危险图形符号	[3] 10.1.4，10.1.5	★★	现场检查		
			（2）起重作业时，可能危及人身安全的范围应设置围栏并悬挂警示标志		★★	现场检查		
			（3）企业应明确不得进行起重作业的规定并严格执行		★★★	现场检查		
			（4）起重作业"三措两案"应严格按照规定履行编制、审批手续		★★★	现场检查		
			（5）起重作业应按规定履行现场监护制度		★★★	现场检查		

（续）

序号	监察要素		监察内容	监察依据	重要程度	监察方式	发现问题	备注
8	电梯设备	8.1 设备范围	企业管理范围内所有电梯设备，包括曳引与强制驱动电梯、液压驱动电梯、自动扶梯与自动人行道、其他类型电梯等	［2］附件	★★	资料查阅		
		8.2 设备管理	（1）企业应当在安全检验标志所标注的下次检验日期届满前1个月向规定的检验机构申请定期检验，每年进行一次定期检验	［11］第五条，第八条（三）	★★★	资料查阅		
			（2）受检单位或者维保单位按照《特种设备检验意见通知书》要求及时整改，并在规定时限内向检验机构提交填写处理结果的通知书以及整改报告等见证资料	［11］第十七条	★★★	资料查阅		
			（3）发生自然灾害或者设备事故而使其安全技术性能受到影响的电梯按照规定重新进行检验	［11］第八条(五)	★★★	资料查阅		
			（4）企业应当委托取得相应电梯维修项目许可的单位进行维保，维保单位资质应满足厂内所有类型的电梯	［10］第四条	★★★	资料查阅		

十七、发电企业特种设备管理安全监察表

（续）

序号	监察要素	监察内容	监察依据	重要程度	监察方式	发现问题	备注
8	电梯设备	8.2 设备管理	（5）企业及维保单位制定维保计划与项目，并按照维保项目实施电梯维保，维保的基本项目和要求满足《电梯维护保养规则》（TSG T5002—2017）附件的规定	[10]第六条	★★★	资料查阅现场检查		
			（6）维保单位每年至少进行一次自行检查，自行检查在特种设备检验机构进行定期检验之前进行，检查内容不少于《电梯维护保养规则》（TSG T5002—2017）中要求的年度维保和电梯定期检验规定的项目及内容	[10]第五条(九)	★★	资料查阅		
			（7）电梯内醒目位置设置24小时维保值班和应急电话，电梯轿厢内应张贴注意事项、应急措施	[10]第五条(四)	★★★	资料查阅现场检查		
		8.3 使用操作	（1）企业应制定电梯安全管理制度、注意事项、应急措施和应急救援预案，每半年进行一次电梯应急演练	[10]第五条(三)	★★★	资料查阅现场检查		
			（2）电梯应急电话和超载报警指示装置等投入正常		★★★	现场检查		

（续）

序号	监察要素		监察内容	监察依据	重要程度	监察方式	发现问题	备注
9	专用车辆	9.1 设备范围	（1）企业管理范围内的专用车辆包括：叉车、搬运车、牵引车、推顶车、观光车等	［2］附件	★★	资料查阅		
			（2）企业管理范围内推煤机、装载车、槽罐车、渣土车等厂内其他非特种设备范围内的车辆，除无须特种设备安全监督管理部门的监督取证外，其他管理均参照特种设备进行管理		★★	资料查阅		
		9.2 设备管理	（1）专用车辆检验有效期届满前1个月向特种设备检验机构提出定期检验申请，接受检验，并做好定期检验相关的配合工作；定期检验应每年进行一次	［7］3.1.1	★★★	资料查阅		
			（2）企业明确专用车辆的日常维护保养、自行检查以及全面检查的责任部门及责任人；如委托其他专业机构进行，应签订合同明确责任	［7］3.2.1	★★★	资料查阅		
			（3）专用车辆按照有关安全技术规范和产品使用维护保养说明开展日常维护保养、自行检查及全面检查，发现异常情况应及时处理并记录存档	［7］3.2.1	★★	资料查阅		

（续）

序号	监察要素		监察内容	监察依据	重要程度	监察方式	发现问题	备注
9	专用车辆	9.3 使用操作	（1）专用车辆的铭牌、安全警示标志及其说明应当置于车辆显著位置		★★	现场检查		
			（2）专用车辆的技术状况应当能够保证驾驶人员的正常工作条件，具有良好的视野；设置能够发出清晰声响的警示装置	[7] 2.1.2	★★★	现场检查		
			（3）专用车辆每天工作前应按使用维护保养说明进行检查并记录；使用过程中应加强对车辆的巡检，发现异常情况及时处理并记录	[7] 3.2.1	★	资料查阅		
			（4）车辆行驶速度不得超过道路限速。有固定行驶路线的车辆，必须严格按照路线行驶		★	现场检查		
			（5）在氨区、氢站等易燃易爆区域行驶的车辆应设置阻火器		★★	现场检查		
10	应急管理		（1）制定特种设备相关的应急预案	[4] 2.12.1	★★★	资料查阅		
			（2）开展特种设备相关的应急预案培训		★★	资料查阅		
			（3）定期开展特种设备相关的应急演练		★★★	资料查阅		
			（4）工作人员熟悉应急预案相关内容		★★	人员考问		

(续)

序号	监察要素	监察内容	监察依据	重要程度	监察方式	发现问题	备注

企业监察总体概况：

1. 基本情况

2. 存在的主要问题

3. 整改要求及建议

监察负责人签名　　　　　　　　　　　　　　　　　企业负责人签名

说明：

一、监察方式

资料查阅（包括文件、记录、台账等）、现场检查、人员考问等。

二、监察依据

［1］《中华人民共和国特种设备安全法》（中华人民共和国主席令 第四号）。

［2］原国家质检总局关于修订《特种设备目录》的公告（2014年第114号）。

［3］《起重机械安全规程　第1部分：总则》（GB 6067.1—2010）。

［4］《特种设备使用管理规则》（TSG 08—2017）。

［5］《锅炉安全技术监察规程》（TSG G0001—2012）。

［6］《固定式压力容器安全技术监察规程》（TSG 21—2016）。

［7］《场（厂）内专用机动车辆安全技术监察规程》（TSG N0001—2017）。

［8］《压力管道定期检验规则——工业管道》（TSG D7005—2018）。

［9］《起重机械定期检验规则》（TSG Q7015—2016）。

［10］《电梯维护保养规则》（TSG T5002—2017）。
［11］《电梯监督检验和定期检验规则——曳引与强制驱动电梯》（TSG T7001—2009）。
［12］《电力行业锅炉压力容器安全监督规程》（DL/T 612—2017）。

十八、发电企业消防管理安全监察表

序号	监察要素		监察内容	监察依据	重要程度	监察方式	发现问题	备注
1	依法合规	1.1 "三同时"	（1）基建企业消防设计审查批复文书	[1] 第十三条	★★★	资料查阅		
			（2）生产企业消防验收合格文书	[11] 6.1.1	★★★	资料查阅		
			（3）生产企业消防验收合格备案文书		★★★	资料查阅		
		1.2 消防队伍建设	（1）按规定建立专职消防队。签订服务的地方消防队接警至到达火灾现场时间不应超过 5 min	[1] 第三十九条；[3]	★★★	资料查阅		
			（2）专职消防队或微型消防站通过验收、备案	[4]	★★	资料查阅		
			（3）专职消防队或微型消防站配置与验收备案登记一致	[4] [12]	★	资料查阅		
			（4）专职消防队应满足 15~25 人、2~4 台车辆的配置，器材、人员装备符合要求		★	资料查阅 现场检查		
			（5）微型消防站应满足 6 人及以上、0~2 台车辆的配置，同时配备灭火器、水枪、水带等灭火器材		★	资料查阅 现场检查		

十八、发电企业消防管理安全监察表

（续）

序号	监察要素		监察内容	监察依据	重要程度	监察方式	发现问题	备注
1	依法合规	1.3 地方消防	（1）无专职消防队、消防站的单位，应与地方消防队签订服务合同	[3]	★★	资料查阅		
			（2）合同中应明确专职消防队到火灾现场时间不能超过 5 min		★★	资料查阅		
			（3）专职消防队对企业安全检查的要求		★★	资料查阅		
			（4）专职消防队参与企业消防演练及消防安全培训工作	[3] 第四条（三）	★★	资料查阅		
		1.4 资格资质	（1）消防维保单位资质资格证书		★★★	资料查阅		
			（2）消防维护人员资质资格证书		★★★	资料查阅		
			（3）消防控制室值班员、设施操作员应通过消防行业特有工种职业技能鉴定，持有初级技能以上建（构）筑物消防员国家职业资格证书，并能熟练操作消防设施	[7] 5	★★	资料查阅		
2	责任落实	2.1 组织机构	（1）成立消防安全委员会	[11] 1.0.5	★★★	资料查阅		
			（2）建立消防安全保证和监督体系，明确管理和监督部门，明确消防安全管理人，确保消防管理和安监部门的人员配置与其承担的职责相适应	[11] 3.1	★★	资料查阅		

(续)

序号	监察要素		监察内容	监察依据	重要程度	监察方式	发现问题	备注
2	责任落实	2.1 组织机构	（3）各部门成立防火领导小组，并设志愿消防队	[11] 3.1	★	资料查阅		
		2.2 责任落实	（1）建立消防安全责任制，明确消防主管部门及职责	[1] 第十六条	★★★	资料查阅		
			（2）明确消防安全责任人到岗到位标准	[11] 3.2	★★★	资料查阅		
			（3）消防设施、器材及消防安全标志的定期检验、维修记录		★	资料查阅		
			（4）建筑消防设施年度全面检测记录不应漏项，记录应包括问题整改及考核	[11] 3	★	资料查阅		
			（5）火灾隐患排查及消除记录		★	资料查阅		
			（6）消防演练策划、过程记录及总结报告		★	资料查阅		
3	安全管理	3.1 制度规程	（1）消防制度健全，至少包括：消防安全责任制，各级和各岗位消防安全职责，消防安全监督制度，动火管理制度，消防安全重点部位管理制度，消防安全教育培训制度，防火巡查、检查制度，消防控制室值班管理制度，消防设施、器材管理制度，火灾隐患整改制度，消防安全工作考评和奖励制度	[11] 4.1	★★★	资料查阅		

十八、发电企业消防管理安全监察表

（续）

序号	监察要素		监察内容	监察依据	重要程度	监察方式	发现问题	备注
3	安全管理	3.1 制度规程	（2）消防设施运行规程、消防设施检修规程	［11］4.1	★★★	资料查阅		
			（3）编制灭火和应急疏散预案		★★★	资料查阅		
		3.2 教育培训	（1）新上岗和进入新岗位员工进行上岗前消防安全培训、考试记录	［11］4.3	★	资料查阅		
			（2）在岗员工每年进行消防安全培训的记录		★★	资料查阅		
			（3）消防控制室值班员、消防设施操作员培训记录或证明		★★★	资料查阅		
			（4）人员掌握火灾报警、逃生方法，能够正确使用灭火器材、正压空气呼吸器及防毒面具		★★	人员考问		
		3.4 检查落实	（1）按规定开展防火安全检查并做好记录	［11］4.5	★★	资料查阅		
			（2）防火巡查记录的人员、内容、部位和频次与规定一致		★★★	资料查阅		
			（3）企业每月防火检查记录		★	资料查阅		

(续)

序号	监察要素		监察内容	监察依据	重要程度	监察方式	发现问题	备注
3	安全管理	3.4 检查落实	（4）企业定期消防安全监督检查记录	[11] 4.5	★★	资料查阅		
			（5）违法违章行为考核记录		★★★	资料查阅		
		3.5 应急救援	（1）单位应制定灭火和应急疏散预案（包括重点部位和场所）	[11] 4.4	★★★	资料查阅		
			（2）灭火和应急疏散预案半年演练的过程记录和总结报告		★★★	资料查阅		
4	重点部位防火	4.1 基本要求	（1）重点防火部位档案	[1] 第十七条	★★	资料查阅		
			（2）重点防火部位检查记录	[1] 第十七条；[2] 2.1	★★	资料查阅		
			（3）重点防火部位出入口悬挂防火警示标识牌，并标明重点防火部位名称、消防管理措施、灭火和应急疏散方案及防火责任人	[11] 4.2.3	★★	现场检查		
			（4）危险化学品存储设施灭火救援方案适用。明确先将起火罐体降温、起火区域隔离，确定无爆燃风险后再灭火的专业要求		★★★	资料查阅		

十八、发电企业消防管理安全监察表

（续）

序号	监察要素	监察内容	监察依据	重要程度	监察方式	发现问题	备注
4	重点部位防火	4.2 电缆	（1）电缆夹层、通道定期巡检记录	[2] 2.2	★	资料查阅		
			（2）穿越墙壁、楼板和电缆沟道等处的电缆孔、洞、竖井和进入油区的电缆入口处必须采用合格的不燃或阻燃材料封堵		★★★	现场检查		
			（3）电缆夹层、通道应保持清洁，禁止堆放杂物，不积粉尘、不积水并有防火、防水、通风措施，锅炉、燃煤储运车间内架空电缆上的粉尘应定期清扫。采取安全电压的照明应充足	[2] 2.2；[11] 10.5	★★	现场检查		
			（4）靠近高温管道、阀门等热体的电缆应有隔热措施并保持足够的距离，其中控制电缆不小于0.5 m，动力电缆不小于1 m		★	现场检查		
		4.3 汽机油系统	（1）油管道法兰、阀门及轴承、调速系统等无漏油现象	[2] 2.3	★★★	现场检查		
			（2）事故排油阀应设两个串联钢质截止阀，操作手轮应设在距油箱5 m以外处，并有2个以上的通道，操作手轮不允许加锁，应挂有明显的"禁止操作"标识牌		★★★	现场检查		

(续)

序号	监察要素		监察内容	监察依据	重要程度	监察方式	发现问题	备注
4	重点部位防火	4.3 汽机油系统	(3) 油管道法兰、阀门周围的热力管道保温必须齐全，保温外应包铁皮	[2] 2.3	★	现场检查		
		4.4 油罐区和锅炉油系统	(1) 制定燃油区出入管理制度。人员进入燃油区应进行登记，交出火种，关闭手机、对讲机等通信设备，不准穿钉有铁掌的鞋子，并在入口处释放静电	[2] 2.4	★★★	现场检查		
			(2) 油区内明火作业时，必须办理动火工作票，并应有可靠的安全措施	[9] 6.4.4	★	现场检查 资料查阅		
			(3) 按规定对消防系统进行定期检查试验		★★★	资料查阅		
			(4) 燃油罐接地线和电气设备接地线应分别装设，输燃油管应有明显的接地点。燃油管道法兰应用金属导体跨接牢固，热力管道尽可能布置在燃油管道上方。每年雷雨季节前应检查，并测量接地电阻。燃油区、输卸油管道应有可靠的防静电安全接地装置，并定期测试接地电阻	[2] 2.4; [11] 8.3	★★★	现场检查 资料查阅		

十八、发电企业消防管理安全监察表

（续）

序号	监察要素		监察内容	监察依据	重要程度	监察方式	发现问题	备注
4	重点部位防火	4.4 油罐区和锅炉油系统	（5）设施（如开关、刀闸、照明灯、电动机、空调机、电话、门窗、计算机、手电筒、电铃、自起动仪表接点等）均应为防爆型	[2] 2.4；[9] 6.1.4；[11] 8.3	★★★	现场检查		
			（6）电力线路必须是暗线或电缆，不准有架空线	[9] 6.1.4	★	现场检查		
			（7）燃油（气）区内无杂草树木等易燃物品，不准储存其他易燃物品和堆放杂物，不准塔建临时建筑	[2] 2.4；[11] 8.3	★★★	现场检查		
			（8）燃油系统的软管定期检查更换记录		★★★	现场检查		
		4.5 制粉系统	（1）制粉设备及时消除漏粉点，积粉应随时清除	[2] 2.5.2	★★★	现场检查		
			（2）磨煤机出口温度和煤粉仓温度严格控制在规定范围内，出口风温不得超过煤种要求	[2] 2.5.3	★★★	现场检查		
			（3）制粉设备检修工作时，设备内部积粉完全清除，并与制粉系统可靠隔绝	[9] 7.6.8	★	现场检查		

（续）

序号	监察要素		监察内容	监察依据	重要程度	监察方式	发现问题	备注
4	重点部位防火	4.6 氢气系统	（1）在氢站或氢气系统附近进行明火作业时，办理一级动火工作票	[2] 2.6	★	现场检查		
			（2）制氢场所应按规定配备足够的消防器材，并按时检查和试验	[11] 10.2	★★★	现场检查		
			（3）密封油系统平衡阀、压差阀必须保证动作灵活、可靠，密封瓦间隙必须调整合格		★	现场检查		
			（4）空气、氢气侧备用密封油泵应定期进行联动试验	[2] 2.6	★★★	现场检查		
		4.7 输煤皮带	（1）现场模拟启动信号检测输煤皮带水幕喷淋系统和预作用水喷淋系统动作应正常	[2] 2.7	★★★	现场检查		
			（2）输煤皮带上方防护罩、除尘器、导料槽、除铁器等设备处应全程敷设感温电缆，不能出现监控盲区		★★	现场检查		
			（3）输煤系统相关人员应熟练掌握消防系统的操作		★★	现场检查		
			（4）消防报警记录应闭环处理，报警系统误报应有闭环处理记录		★★	现场检查		

（续）

序号	监察要素		监察内容	监察依据	重要程度	监察方式	发现问题	备注
4	重点部位防火	4.7 输煤皮带	（5）企业应对输煤系统文明生产进行规定，检查输煤系统及其范围内的辅助设备、电缆桥架等区域不应有积粉		★★	现场检查		
		4.8 脱硫系统	（1）脱硫塔检修时应有完整的施工方案、消防方案及应急预案	[2] 2.8	★	现场检查		
			（2）相关作业人员应掌握施工方案、消防方案及应急预案		★★	人员考问		
			（3）脱硫原、净烟道，吸收塔，石灰石浆液箱、事故浆液箱、滤液箱、衬胶管、防腐管道（沟）、集水箱区域或系统等动火作业应办理动火工作票	[11] 7.3	★	现场检查		
			（4）脱硫防腐施工面积在 10 m^2 以上时，防腐现场应接引消防水带，并保证消防水随时可用	[2] 2.8	★★★	现场检查		
			（5）脱硫防腐施工、检修作业区 5 m 范围设置安全警示牌并布置警戒线，警示牌应挂在显著位置，由专职安全人员现场监督，未经允许不得进入作业场地		★★★	现场检查		

(续)

序号	监察要素		监察内容	监察依据	重要程度	监察方式	发现问题	备注
4	重点部位防火	4.8 脱硫系统	（6）吸收塔和烟道内部防腐施工时，应留 2 个以上出入孔，并保持通道畅通；设置 2 台防爆型排风机进行强制通风，作业人员应戴防毒面具	[2] 2.8	★★★	现场检查		
		4.9 湿除系统	（1）湿除作业严格执行有限空间作业要求，防腐和玻璃钢密封作业制定专项施工方案，施工期间接引消防水带。动火作业严格履行审批和开工手续，按规定进行检测试验，有关人员应到场监护	[13]	★★★	资料查阅 现场检查		
			（2）现场防腐衬里对非金属防腐材料进行氧指数测试，氧指数值不低于 30%		★★	资料查阅 现场检查		
			（3）湿电内部阳极模块密封及防腐作业期间，严禁交叉作业，湿电外 10 m 范围内严禁动火施工		★★★	现场检查		
			（4）湿电本体四周配置消防器材，消防栓防火范围须覆盖到最顶层平台设备		★★	现场检查		

十八、发电企业消防管理安全监察表

（续）

序号	监察要素		监察内容	监察依据	重要程度	监察方式	发现问题	备注
4	重点部位防火	4.9 湿除系统	（5）湿电阳极上方设置全覆盖事故喷淋系统，阳极、导流格栅等在覆盖范围内。各发电企业可结合具体布置条件利用冲洗系统实现事故喷淋，但喷水强度不低于 8L/（min·m²），喷头最低工作压力不低于 0.1 MPa。湿电最低点的疏水能力应满足事故喷淋时的排水要求，防止积水	[13]	★★	现场检查		
			（6）湿电和烟囱之间设置安全隔离挡板门，结构可靠，耐高温，能随时关闭严密，有可靠的防误操作措施。不具备布置条件的机组在烟囱入口布置事故喷淋系统	[13]	★★	现场检查		
		4.10 氨系统	（1）企业应有氨区和脱硝系统运行与维护规程	[2] 2.9	★★★	资料查阅		
			（2）进入氨区，严禁携带手机、火种，严禁穿带铁掌的鞋子，并在进入氨区前进行静电释放。氨压缩机房和设备间使用防爆型电器设备，通风、照明良好	[2] 2.9.2, 2.9.3	★★★	现场检查		

（续）

序号	监察要素		监察内容	监察依据	重要程度	监察方式	发现问题	备注
4	重点部位防火	4.10 氨系统	（3）氨系统动火作业前、后应置换排放合格，办理动火工作票；动火结束后，及时清理火种	[2] 2.9	★	资料查阅		
			（4）氨储罐区及使用场所，应按规定配备足够的消防器材，灭火器箱应为不产生火花的材质；建立氨泄漏检测器和视频监控系统，并按时检查和试验		★★★	资料查阅		
			（5）运氨车辆进入氨区，排气管应带阻火器		★★	现场检查		
			（6）氨储罐的新建、改建和扩建工程项目应进行安全性评价，其防火、防爆设施应与主体工程同时设计、同时施工、同时验收投产	[2] 2.9	★★★	现场检查		
		4.11 天然气系统	（1）天然气系统的新建、改建和扩建工程项目应进行安全评价，其防火、防爆设施应与主体工程同时设计、同时施工、同时验收投产	[2] 2.10	★★★	资料查阅		

十八、发电企业消防管理安全监察表

（续）

序号	监察要素		监察内容	监察依据	重要程度	监察方式	发现问题	备注
4	重点部位防火	4.11 天然气系统	（2）天然气系统区域应建立严格的防火、防爆制度，生产区与办公区应有明显的分界标志，并设有"严禁烟火"等醒目的防火标志	[2] 2.10	★★	资料查阅		
			（3）定期对天然气系统进行火灾、爆炸风险评估，对可能出现的危险及影响制定并落实风险削减措施，并应有完善的防火、防爆应急救援预案。		★★★	资料查阅		
			（4）天然气区域应有防止静电荷产生和集聚的措施，并设有可靠的防静电接地装置		★★★	现场检查		
			（5）天然气区域的设施应有可靠的防雷装置，防雷装置应每年进行两次监测（其中在雷雨季节前监测一次），接地电阻不应大于 10 Ω		★★★	资料查阅现场检查		
			（6）在天然气易燃易爆区域内作业时，应使用防爆工具，并穿戴防静电服和不带铁掌的工鞋。禁止使用手机等非防爆通信工具		★	现场检查		

（续）

序号	监察要素		监察内容	监察依据	重要程度	监察方式	发现问题	备注
4	重点部位防火	4.11 天然气系统	（7）机动车辆进入天然气系统区域，排气管应带阻火器	[2] 2.10	★	现场检查		
			（8）天然气区域需要进行动火、动土或进入有限空间等特殊作业时，应按照作业许可的规定，办理作业许可		★	资料查阅		
5	动火安全	5.1 级别规定	根据火灾危险性、损失、影响制定一级动火、二级动火级别的规定文件	[11] 5.1	★★★	资料查阅		
		5.2 工作票	（1）一、二级动火工作票签发人、工作负责人应进行制度培训，经考试合格授权文件	[11] 5.3	★★★	资料查阅		
			（2）一级动火票由申请动火部门负责人或技术负责人签发，单位消防管理部门和安监部门负责人审核，单位分管生产的领导或总工程师批准。二级动火工作票由申请动火班组班长或班组技术负责人签发，动火部门安监人员审核，动火部门负责人或技术负责人批准，包括填写批准动火时间和签名		★★★	资料查阅		

十八、发电企业消防管理安全监察表

（续）

序号	监察要素		监察内容	监察依据	重要程度	监察方式	发现问题	备注
5	动火安全	5.2 工作票	（3）动火工作票一式三份。一级动火工作票由工作负责人、动火执行人、单位安监部门收执。二级动火工作票由工作负责人、动火执行人、动火部门收执。若动火工作与运行有关时，还应增加一份交运行人员收执	[11] 5.3	★★	资料查阅		
			（4）动火工作票保存3个月		★	资料查阅		
		5.3 组织实施	（1）动火执行人必须持政府有关部门颁发的允许电焊与热切割作业的有效证件	[11] 5.3	★★★	资料查阅		
			（2）一级动火时，消防监护人、工作负责人、动火部门安监人员必须始终在现场监护。二级动火时，消防监护人、工作负责人必须始终在现场监护		★★	资料查阅		
6	消防设施	6.1 火灾自动报警系统	（1）火灾自动报警系统监察投运率、故障率。企业正常工作状态下，应投自动报警	[6] 3.1~3.3	★★★	现场检查		
			（2）触发器件、火灾报警装置、火灾警报装置、消防控制设备、电源的维护保养；断开控制器的备用电池，关闭交流供电电源；	[6] 3.1~3.3；[14] 第三章 第三节	★★★	资料查阅		

（续）

序号	监察要素		监察内容	监察依据	重要程度	监察方式	发现问题	备注
6	消防设施	6.1 火灾自动报警系统	利用吹尘器吹扫控制器内部的各种电路板块、组件、电池、接线端子和外部的操作面板、控制开关、机箱等，直至清洁干净，无积尘或积垢；机箱外壳可用潮湿的布擦拭。每3年由有资质的单位进行一次清洗工作；对于使用环境条件差的应每年进行一次全面清洗。清洗维护后要对火灾自动报警系统进行试验，合格后方能使用	[6] 3.1~3.3；[14] 第三章第三节	★★★	资料查阅		
			（3）每年进行一次全面的功能测试工作，并出具详细的检测报告，对不合格部分，进行整改。检测工作由第三方具有资质的单位进行	[6] 3.1~3.3；[7] 7	★★★	资料查阅		
		6.2 自动灭火系统	（1）定期对自动灭火系统进行维修保养	[7] 9.1.1	★★★	资料查阅		
			（2）每年进行一次全面的功能测试工作，并出具详细的检测报告，对不合格部分，进行整改，检测工作由第三方具有资质的单位进行	[7] 7	★★★	资料查阅		

十八、发电企业消防管理安全监察表

（续）

序号	监察要素		监察内容	监察依据	重要程度	监察方式	发现问题	备注
6	消防设施	6.2 自动灭火系统	（3）系统处于正常自动状态，无故障。企业正常工作状态下，不应将自动喷水灭火系统设施设置在手动控制状态	[6] 4.2	★★★	现场检查		
			（4）设置固定自动灭火系统的场所，宜采用两种同类或不同类的探测器组合探测方式	[8] 7.1.8	★★	现场检查		
		6.3 消火栓	（1）消防设施符合消防技术标准	[1] 第九条	★★	资料查阅		
			（2）安监部门、职能管理部门和执行部门定期组织监察、检查和维修保养	[1] 第十六条	★★★	资料查阅		
			（3）消防设备设施配置清册，定期检查和试验记录	[1] 第十六条	★★★	资料查阅		
			（4）在道路交叉或转弯处的地上式消火栓附近，宜设置防撞设施；主厂房的煤仓间最高处应安设检验用的压力显示装置		★	现场检查		
		6.4 防烟排烟系统	（1）防烟排烟系统配置清单齐全	[1] 第十六条，第七十三条	★★★	资料查阅		
			（2）安监部门、职能管理部门和维护执行部门定期组织监察、检查和维护，试验记录完整、准确、存档	[1] 第十六条	★★★	资料查阅		

（续）

序号	监察要素		监察内容	监察依据	重要程度	监察方式	发现问题	备注
6	消防设施	6.4 防烟排烟系统	（3）防烟排烟系统和联运控制的防火卷帘分隔设施设置在自动控制状态		★★	现场检查		
		6.5 应急广播	（1）消防应急广播操作分为人工播放和自动播放，播放火警信息的方法应正确。消防专用电话通话畅通、有效。消防控制室设置外线电话	[14] 第三章第九节	★★	现场检查		
			（2）安监部门、职能管理部门和维护执行部门定期组织监察、检查和维护、试验记录		★★★	现场检查		
		6.6 应急照明疏散指示	（1）应急照明和疏散指示标志配置清单，符合消防技术标准，配置齐全	[8] 9.2	★★★	资料查阅		
			（2）安监部门、职能管理部门和维护执行部门定期组织监察、检查和维护、试验记录	[10]	★★★	资料查阅		
			（3）消防应急照明正常，疏散通道、安全出口、消防车通道畅通		★★	现场检查		
7	消防器材	7.1 预防器材	（1）灭火器配置清册	[11] 14	★★★	资料查阅		
			（2）安监部门、职能管理部门和维护执行部门定期组织监察、检查和维护、试验记录	[5]	★★★	资料查阅		

十八、发电企业消防管理安全监察表

（续）

序号	监察要素		监察内容	监察依据	重要程度	监察方式	发现问题	备注
7	消防器材	7.1 预防器材	（3）灭火器充足、有效，压力在合格范围内，固定放置处标识齐全	[5]	★★	现场检查		
		7.2 救援器材	（1）灭火救援器材清单	[12]附表1-10	★★★	资料查阅		
			（2）安监部门、职能管理部门和维护执行部门定期组织监察、检查和维护、试验记录		★★★	资料查阅		
			（3）救援器材实配置与清单一致		★★	现场检查		
		7.3 防护器材	（1）消防队灭火防护器材验收配置清单	[12]附录二	★★★	资料查阅		
			（2）安监部门、职能管理部门和维护执行部门定期组织监察、检查和维护、试验记录		★★★	资料查阅		
			（3）防护器材配置是否与清单一致		★★	现场检查		
		7.4 逃生器材	（1）正压式空气呼吸器、防毒面具配置清单。企业在可能产生有毒、有害物质的场所应配备正压式空气呼吸器、防毒面具等防护器材，并进行使用培训，使相关工作人员正确掌握使用方法	[11]6.2.6，14.4.2	★★★	现场检查		

（续）

序号	监察要素		监察内容	监察依据	重要程度	监察方式	发现问题	备注
7	消防器材	7.4 逃生器材	（2）安监部门、职能管理部门和维护执行部门定期组织监察、检查和维护、试验记录。正压式空气呼吸器和防火服应每月检查一次		★★★	资料查阅		
			（3）正压式空气呼吸器气量充足（压力为25~30 MPa），良好备用；防毒面具在有效期内		★★★	现场检查		
			（4）人员佩戴情况		★★	现场检查		
8	灭火救援	8.1 内部灭火	（1）专职消防队战备值勤记录		★	资料查阅		
			（2）企业内部救援调度规定		★★★	资料查阅		
		8.2 外部灭火	（1）企业消防队外出救援制度，明确出警规定	[1] 第四十二条，第四十四条	★★★	资料查阅		
			（2）外部火警调度应服从属地消防部队火警指挥中心的统一调度		★★	资料查阅		
		8.3 非火警出警	消防车在非火警状态下的厂区内用车审批流程、审批表单。非火灾、抢险的外部用车，消防队履行书面审批程序，并经企业消防安全管理人的批准		★★★	资料查阅		

十八、发电企业消防管理安全监察表

（续）

序号	监察要素	监察要素	监察内容	监察依据	重要程度	监察方式	发现问题	备注
9	档案管理	9.1 管理要求	（1）建立健全消防档案管理制度，制度应依法合规	[11] 4.1.2	★★★	资料查阅		
			（2）企业应明确消防档案管理责任部门及管理规定，消防档案应统一保管		★	资料查阅		
		9.2 档案内容	（1）企业基本概况和消防安全重点部位情况	[11] 4.1.2	★★★	资料查阅		
			（2）消防设计审核、消防验收、消防安全检查相关文件		★★★	资料查阅		
			（3）消防管理组织机构和各级消防安全责任人		★★★	资料查阅		
			（4）消防安全管理制度及规程		★★★	资料查阅		
			（5）移动式消防器材台账、室内消防栓台账、室外消防栓台账、移动式消防器材年度检测、更换、报废台账以及消防产品、防火材料的合格证明材料		★★★	资料查阅		
			（6）专职消防队、义务消防队人员及其消防装备配备情况		★★★	资料查阅		

（续）

序号	监察要素		监察内容	监察依据	重要程度	监察方式	发现问题	备注
9	档案管理	9.2 档案内容	（7）消防安全有关的重点工种人员持证上岗情况	[11] 4.1.2	★★★	资料查阅		
			（8）火情档案、火情调查报告存档		★★★	资料查阅		
			（9）灭火和应急疏散预案		★★★	资料查阅		

企业监察总体概况：

1. 基本情况
2. 存在的主要问题
3. 整改要求及建议

监察负责人签名		企业负责人签名	

说明：

一、监察方式

资料查阅（包括文件、记录、台账等）、现场检查、人员考问等。

二、监察依据

[1]《中华人民共和国消防法》（中华人民共和国主席令 第二十九号）。

[2]《国家能源局关于印发〈防止电力生产事故的二十五项重点要求〉的通知》（国能安全〔2014〕161号）。

[3]《关于规范和加强企业专职消防队伍建设的指导意见》（公通字〔2016〕25号）。

[4] 公安部《关于印发〈消防安全重点单位微型消防站建设标准（试行）〉〈社区微型消防站建设标准（试行）〉的通知》（公

消〔2015〕301号）。

[5]《建筑灭火器配置设计规范》（GB 50140—2005）。

[6]《火灾自动报警系统设计规范》（GB 50116—2013）。

[7]《建筑消防设施的维护管理》（GB 25201—2010）。

[8]《火力发电厂与变电所设计防火标准》（GB 50229—2019）。

[9]《电业安全工作规程 第1部分：热力和机械》（GB 26164.1—2010）。

[10]《消防应急照明和疏散指示系统》（GB 17945—2010）。

[11]《电力设备典型消防规程》（DL 5027—2015）。

[12]《城市消防站建设标准》（建标152—2017）。

[13] 中国国电国电集团在役湿式静电除尘器防止火灾事故技术措施。

[14] 消防行业特有工种职业培训与技能鉴定系列统编教材建（构）筑物消防员（中级技能）第三章第三节。